MANUEL PRATIQUE

ET ÉLÉMENTAIRE

D'ANALYSE CHIMIQUE

DES VINS.

MANUEL PRATIQUE

ET ÉLÉMENTAIRE

D'ANALYSE CHIMIQUE

DES VINS

PAR

Édouard **ROBINET** fils,

NÉGOCIANT.

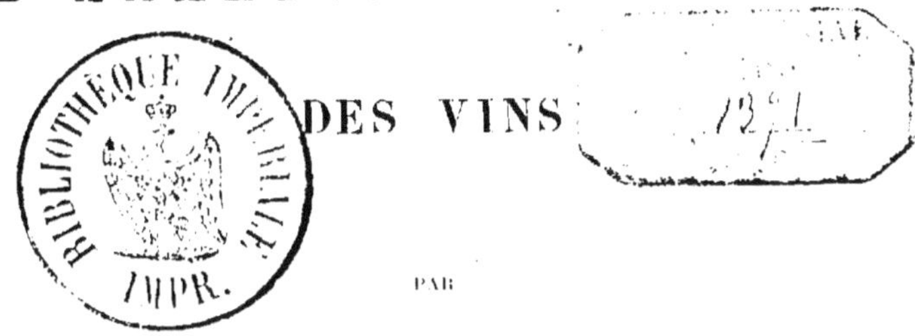

--- ❦ ---

ÉPERNAY,

CHEZ L'AUTEUR;

PARIS,

CHEZ Mme Ve BOUCHARD-HUZARD, IMPRIMEUR-LIBRAIRE,

RUE DE L'ÉPERON, 5.

1866

AVANT-PROPOS.

Le vin, qui a déjà été l'objet des études profondes de nos savants, est loin d'être parfaitement connu dans sa composition.

Ce n'est pas dans l'espoir d'ajouter des connaissances nouvelles à celles qu'on possède, que je me suis proposé d'écrire un traité d'analyse du vin, mais simplement pour venir en aide à ceux de mes compatriotes, peu familiarisés avec les sciences chimiques et physiques, et qui cependant voudraient se livrer à des études chimiques élémentaires sur ce produit.

Parmi les nombreux ouvrages qui composent ma bibliothèque, j'ai toujours constaté avec regret l'absence d'un manuel élémentaire donnant une suite de formules d'une application facile, au moyen desquelles les industriels et les viticulteurs pourraient faire, d'année en année, des analyses qui leur permettraient d'établir des comparaisons entre les produits des diverses années et formeraient, plus tard, des séries d'observations d'un véritable intérêt.

Je n'avancerai rien dans ce manuel qui ne soit le résultat d'une suite d'essais nombreux, et avec les preuves à l'appui. Je n'ai pas la prétention de ne donner que des choses qui soient le fruit de mes recherches personnelles ; j'ai, au contraire pris soin de puiser dans les travaux des hommes éminents qui consacrent leur savoir à cette étude pleine d'attraits, mais remplie de difficultés à cause de l'instabilité du produit.

Je me permettrai la critique de certains procédés anciens qui sont encore en usage dans le commerce et qui sont quelquefois basés sur des données erronées.

Je respecterai les maximes de la pratique qui toutes ont une raison d'être souvent inexplicable, mais qui cachent, sous un semblant de préjugé, des données scientifiques très-profondes, et qu'un long usage et de nombreuses observations ont seuls pu créer.

Mes lecteurs ne doivent donc pas voir dans mon

travail l'intention de critiquer les praticiens, mais, au contraire, le désir de leur être utile et d'ajouter un faible tribut à leurs travaux.

J'ai adopté une classification simple. Chaque chapitre est placé dans l'ordre qu'on devra suivre pour mener à bonne fin l'analyse d'un vin, analyse élémentaire, bien entendu.

Je laisserai entièrement de côté la question pratique et la question d'application, laissant aux praticiens la liberté de tirer le parti qu'ils jugeront convenable du résultat de leurs analyses, car ce qui pourrait être utile dans telle ou telle contrée peut n'avoir aucun intérêt dans telle ou telle autre.

MANUEL PRATIQUE

ET ÉLÉMENTAIRE

D'ANALYSE CHIMIQUE

DES VINS.

CHAPITRE Ier.

DE L'ANALYSE EN GÉNÉRAL.

De la manière de procéder à une analyse de vin.

Avant d'entrer dans la description des procédés analytiques que j'ai à décrire, je me permettrai quelques conseils aux praticiens qui voudront se livrer au travail long, et difficile du reste, d'une analyse complète d'un vin quelconque.

Ce travail exige plusieurs conditions indispensables que je crois bon d'indiquer.

Il faudra commencer par s'assurer si le vin qui doit être l'objet du travail est dans de bonnes conditions, c'est-à-dire naturel, sans altérations, ni addition de corps étrangers destinés soit à enrichir sa couleur, soit à adoucir son acidité, soit à augmenter sa force alcoolique.

Vous conserverez avec soin vos échantillons parfaitement bouchés et couchés pour éviter l'évaporation et la pousse du vin; vous les tiendrez dans un lieu frais; une cave, par exemple, est très-propre à cet usage.

Le premier point à établir est le titre alcoolique du vin. Cette opération, comme on le verra, est beaucoup plus compliquée qu'on ne le pense; elle est fort importante, car elle règle la force du vin et, par dérivation, la proportion de matières salines qu'il peut tenir en dissolution. On peut aussi déterminer la présence de quelques éthers, mais je ne conseille pas aux praticiens de s'engager dans cette recherche; elle est d'une difficulté extrême et n'est praticable que dans les laboratoires de nos grands établissements scientifiques.

Ce premier travail terminé, on devra rechercher le sucre et le doser; l'analyse détaillée sera continuée par la détermination du titre d'acidité du vin en prenant pour point de comparaison l'acide sulfurique monohydraté $S'O^3, HO$. Ce titre établit des points de comparaison entre divers vins du même cru.

Ce résultat connu, vous doserez successivement:

L'acide carbonique,
Id. tartrique libre,
Id. acétique,
Id. succinique,
Id. malique.

Vous terminerez enfin ce premier travail sur les acides par la recherche du tanin. Nous indiquons à la fin du chapitre des acides un mode de dosage très-simple emprunté à M. Fauré.

Les acides connus, on procédera au dosage du tartre (tartrate acide de potasse). Ce dosage a une grande importance; vous y donnerez tous vos soins. Ne craignez pas de faire deux et même trois dosages successifs, afin d'être mieux fixé.

On entre ensuite dans la série des analyses, où la chimie devient indispensable. J'ai cependant fait tout mon possible pour simplifier les choses; mais les sels minéraux contenus dans le vin sont si nombreux et si variés, qu'il faut une grande habitude pour ne pas les laisser échapper.

On déterminera successivement:

Le tartrate de chaux,
Le sulfate de chaux,
Le sulfate de potasse,
Le phosphate d'alumine,
Id. de chaux,
Le chlorure de sodium,
Id. de potassium,
Le tartrate de fer,
Id. d'alumine.

Je me suis borné à donner les procédés pour déterminer et doser ces divers corps, quoiqu'ils ne soient pas seuls; le vin contient encore des sels de magnésie, des silicates et autres corps; mais je laisse à des analyses plus scientifiques le soin de les déterminer; je me borne aux principaux, à ceux qui peuvent avoir un intérêt quelconque pour la pratique.

Nous terminerons enfin notre travail par la détermination et le dosage, quand il sera possible, des corps organiques qu'on rencontre dans le vin. Là l'hypothèse joue un grand rôle, car beaucoup de ces corps n'ont pu être isolés, et l'existence même de plusieurs est niée par de savants auteurs. Ce travail exigera de longues et patientes recherches, des instruments d'une exécution parfaite et des produits d'une grande pureté. On pourra cependant, avec de la persévérance et des soins, arriver à déterminer ou du moins à signaler la présence des matières organiques suivantes :

> La glycérine,
> L'œnanthine,
> Le mucilage,
> Le bouquet,
> L'aldéhyde,
> Les matières azotées,
> La glaiadine,
> La pectine
> Et la matière colorante.

Ainsi que nous l'avons dit, la présence de ces corps dans le vin est douteuse, pour quelques-uns au moins ; il faudra donc agir avec une grande circonspection dans leur détermination et s'abstenir souvent, car il vaut mieux, dans une analyse, s'abstenir de donner un chiffre que de donner des poids ou des volumes dont on n'est pas parfaitement sûr.

CHAPITRE II.

DE L'ALCOOL.

———

Le premier point dans une analyse de vin est la détermination de l'alcool, ce principe esssentiellement volatil qui constitue avec l'eau la majeure partie du liquide. Cette détermination est une opération fort délicate et d'une grande importance ; car de sa connaissance dérivent le plus souvent les opérations successives auxquelles sera soumis le produit. Il est presque impossible de l'établir d'avance au moyen de tables, car, chaque année, sa quantité varie dans des proportions assez notables.

L'influence des saisons, la maturité des raisins, la fermentation plus ou moins régulière sont les principales causes qui règlent son développement. Puis viennent ensuite les natures diverses des vins, leurs lieux de production, etc. ; en un mot, mille circonstances qu'il est difficile de déterminer, qui toutes viennent concourir à ce même résultat, c'est-à-dire la production de l'alcool.

L'expérience chimique pouvant nous fixer à ce sujet, nous croyons utile de donner quelques notions sur l'alcool.

Alcool. — Formule chimique.

La formule de l'alcool s'exprime par C^4, H^6, O^2.

	En centièmes.	En équivalents chimiques.
Carbone..................	52.17	300
Hydrogène...............	13.05	75
Oxygène.................	34.78	200
	100.00	575

L'alcool ne peut être congelé aux plus basses températures connues; cependant, à 90 degrés au-dessous de 0, il devient plus épais. L'alcool brûle facilement; sa flamme est peu éclairante.

Le mélange de l'eau avec l'alcool offre un singulier phénomène, c'est de se contracter; ainsi 50 litres d'alcool et 50 litres d'eau ne forment pas un volume de 100 litres de mélange, mais seulement de 96¹,255.

Il faut tenir compte de ce phénomène, lorsqu'on fait les coupages d'alcool. L'alcool se dissout dans l'eau en toutes proportions. L'affinité de ce liquide pour l'eau est telle, qu'il absorbe rapidement l'humidité de l'air. Les acides convertissent l'alcool en éther; l'oxygène le convertit en vinaigre, et en produits gazeux, si on élève la température.

L'alcool qui existe dans le vin est un des produits nombreux de la fermentation du sucre de raisin ou glycose contenu dans le moût. L'analyse du moût peut donc, à peu de chose près, nous indiquer quelle sera la richesse alcoolique du vin, en admettant toutefois que la fermentation se fera dans de bonnes conditions et que tout le sucre sera converti en alcool et en acide carbonique, ce qui n'est pas exact, ainsi que le prouvent les travaux de M. Pasteur. Mais tel n'est pas le but de ce travail. Nous serions entraîné trop loin et nous ne nous engagerons pas dans la voie, si obscure et si controversée, de l'étude des fermentations. Nous nous bornerons à admettre, chose parfaitement exacte du reste, que l'alcool est un des produits de la fermentation vinique, et nous exposerons seulement les procédés employés pour en déterminer le poids ou le volume.

Nous procéderons à l'élimination de ce produit pour le peser ou le mesurer, sauf à examiner, à la fin du chapitre, les autres procédés indiqués par de savants auteurs, mais qui sont d'un emploi (je puis le dire sans crainte) complétement impossible dans la pratique.

La densité de l'alcool étant moindre que celle de l'eau, 0,795, l'eau étant 1, il est évident qu'un mélange d'eau et d'alcool arrivera à son point d'ébullition avant + 100°, et que la partie la moins dense de ce mélange sera évaporée la première ; c'est sur ce phénomène bien connu qu'est basée la détermination de l'alcool par la distillation, c'est-à-dire la séparation, par la chaleur, des deux liquides de densité différente et de point d'ébullition également différent.

Un grand nombre de savants et de constructeurs d'appareils de physique et de chimie ont imaginé une infinité d'instruments pour opérer cette distillation; nous en passerons quelques-uns en revue.

Celui qui m'a servi dans mes nombreuses expériences est construit par M. Salleron. Son petit volume et sa pratique simple m'ont déterminé à le recommander spécialement, quoique cependant il ne soit pas à l'abri de toute critique, comme je le prouverai plus tard.

Cet appareil, contenu dans une boîte d'un petit volume, comprend une lampe à esprit-de-vin, un ballon en verre, un réfrigérant, une éprouvette, une pipette, un alcoomètre et un thermomètre. Le tout est dans des proportions très-réduites et très-maniables.

Voici en peu de mots la pratique de cet instrument (pl. ɪ, fig. 1) :

On mesure exactement dans l'éprouvette **A** une quantité de vin affleurant la ligne B. Ce mesurage doit être fait avec une scrupuleuse exactitude, car c'est de là que dépend la plus ou moins grande exactitude de l'opération, puisqu'on opère sur de très-faibles proportions de vin : 35 centimètres cubes.

Ce mesurage se règle goutte à goutte au moyen de la petite pipette **X**. Une fois obtenu, vous versez tout le vin dans le ballon C, d'une forme spéciale, qui vient se poser sur le pied de la lampe à alcool D ; puis, au moyen d'un bouchon en caoutchouc muni d'un ajustage en cuivre et portant un tube de caoutchouc, vous mettez le ballon en communication avec le réfrigérant

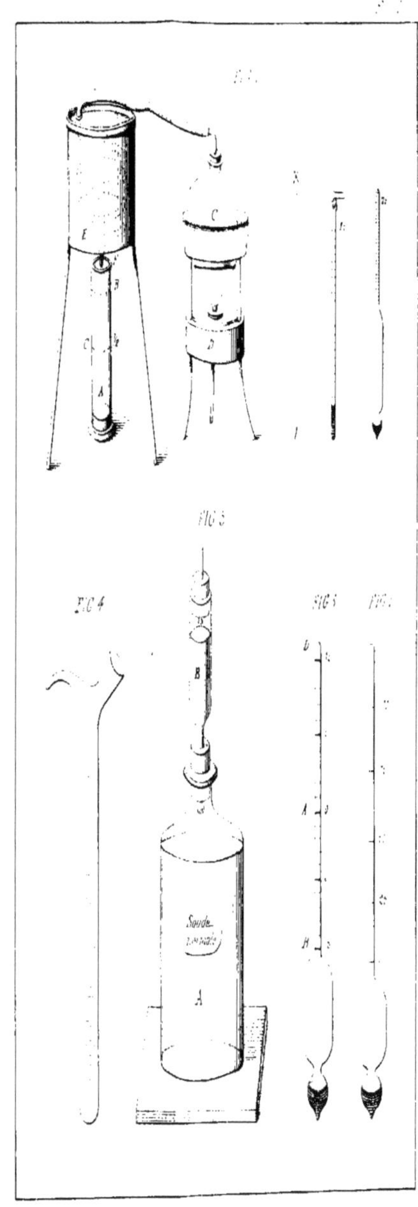
Soude
Soude

E que vous remplissez d'eau. Vous placez l'éprouvette A sous le déverseur **F**; puis, allumant la lampe **D**, vous n'avez plus qu'à régler votre flamme de manière à ce que l'ébullition marche avec calme; car une trop forte flamme déterminerait, dans la cornue de verre, des soubresauts de liquide. Celui-ci en s'engageant dans le serpentin viendrait se mêler aux produits de la distillation et fausser le résultat. Du reste, un peu de pratique forme rapidement à l'emploi de ce petit instrument.

On pousse l'opération jusqu'à ce que le liquide distillé arrive au point **C** de la burette. On éteint alors la lampe; on retire l'éprouvette et on ajoute de l'eau distillée jusqu'à la ligne **B**, en rétablissant avec le plus grand soin le même volume que celui qu'occupait le vin.

Introduisez alors dans le liquide le petit thermomètre et l'alcoomètre, et lisez le degré alcoolique, puis la température. Au moyen de la table suivante, on trouve la force réelle du vin, déduction toute faite des températures. Ces tables sont dues à Gay-Lussac, et voici la manière de les employer :

INDICATIONS DE L'ALCOOMÈTRE.

INDICATIONS DU THERMOMÈTRE.	1	2	3	4	5	6	7	8	9	10	11	12	13	14	15	16	17	18	19	20	21	22	23	24	25	26	27	28	29	30
10	1.4	2.4	3.4	4.5	5.5	6.5	7.5	8.5	9.5	10.6	11.7	12.7	13.8	14.9	16.	17.	18.1	19.2	20.2	21.3	22.4	23.5	24.6	25.8	26.9					
11	1.3	2.4	3.4	4.4	5.4	6.4	7.4	8.4	9.4	10.5	11.6	12.6	13.6	14.7	15.8	16.8	17.9	19.	20.	21.	22.1	23.2	24.3	25.4	26.5					
12	1.2	2.3	3.3	4.3	5.3	6.3	7.3	8.3	9.3	10.4	11.5	12.5	13.5	14.6	15.6	16.6	17.6	18.7	19.7	20.7	21.8	22.9	24.	25.1	23.1					
13	1.2	2.2	3.2	4.2	5.2	6.2	7.2	8.2	9.2	10.3	11.4	12.4	13.4	14.4	15.4	16.4	17.4	18.5	19.5	20.5	21.5	22.6	23.7	24.7	25.7					
14	1.1	2.1	3.1	4.1	5.1	6.1	7.1	8.1	9.1	10.2	11.2	12.2	13.2	14.2	15.2	16.2	17.2	18.2	19.2	20.2	21.2	22.3	23.3	24.3	25.3					
15	1.	2.	3.	4.	5.	6	7.	8.	9.	10.	11.	12.	13.	14.	15.	16.	17.	18.	19.	20.	21.	22.	23.	24.	25.					
16	0 9	1.9	2.9	3 9	4.9	5.9	6.9	7.9	8.9	9.9	10.9	11.9	12.9	13.9	14.9	15.9	16.9	17.8	18.7	19.7	20.7	21.7	22.7	23.7	24.7					
17	0.8	1.8	2.8	3.8	4.8	5.8	6.8	7.8	8.8	9.8	10.8	61.7	12.7	13.7	14.7	15.6	16.6	17.5	18.4	19.4	20.4	21.4	22.4	23.4	24.4					
18	0.7	1.7	2.7	3.7	4.7	5.7	6.7	7.7	8.7	9.7	10.7	11.6	12.5	13 5	14.5	15.4	16.3	17.3	18.2	19.1	20.1	21.1	22.	23.	24.					
19	0.6	1.6	2.6	3.6	4.5	5.5	6.5	7.5	8.5	9.5	10.5	11.4	12.4	13.3	14.3	15.2	16.1	17.	17.9	18.8	19.8	20.8	21.7	22 7	23.6					
20	0.5	1.5	2.4	3.4	4.4	5.4	6.4	7.3	8.3	9.3	10.3	11.2	12.2	13.1	14.	14.9	15.8	16.7	17.6	18.5	19.5	20.5	21.4	22.4	23.3					
21	0.4	1.4	2.3	3.3	4.3	5.2	6.2	7.1	8.1	9.1	10.1	11.	11.9	12.8	13.7	14.6	15.5													
22	0.3	1.3	2.2	3.2	4.1	5.1	6.1	7.	7.9	8.9	9.9	10.8	11.7	12.6	13.5	14.4	15.3													
23	0.1	1.1	2.1	3.1	4.	4.9	5.9	6.8	7.8	8.7	9.7	10.6	11.5	12 4	13.3	14.1	15.													
24	0.0	1.	1.9	2.9	3.8	4.8	5.8	6.7	7.6	8.5	9 5	10.4	11.3	12.2	13.1	13.9	14.8													
25	0	0.8	1.7	2.7	3.6	4.6	5.5	6.5	7.4	8.3	9.2	10.2	11.1	12.	12.8	13.6	14.5													
26	0	0.7	1.6	2.6	3.5	4.4	5.4	6.3	7.2	8.1	9.	9.9	10.8	11.7	12.6	13.4														
27	0	0.5	1.5	2.4	3.3	4.3	5.2	6.1	7.	7.9	8.8	9.7	10.6	11.5	12.3	13.1														
27	0	0.3	1.3	2.2	3.1	4.1	5.	5.9	6.8	7.7	8.6	9.5	10.3	11.2	12.	12.8														
29	0	0.1	1.1	2.	2.9	3.9	4.8	5.7	6.6	7.5	8.4	9.2	10.1	11.	11.7	12.5														
30	0	0.0	0.9	1.9	2.8	3.7	4.6	5.5	6.4	7.3	8.1	9.	9.8	10.7	11.5	12.3														

On lit en même temps le degré de l'alcoomètre et celui du thermomètre, et sur la ligne des températures, on suit jusqu'à ce qu'on trouve la colonne verticale portant le degré indiqué par l'alcoomètre ; le chiffre trouvé donne le degré exact du vin, c'est-à-dire le tant pour cent d'alcool pur ou à 100° qu'il contient.

Exemple : Vous avez un vin qui marque 11 degrés à l'alcoomètre ; sa température est de + 17° ; l'intersection des deux colonnes donne comme degré réel 10,8. Votre vin contient donc 10,8 p. 100 d'alcool pur, c'est-à-dire, en termes de commerce, votre vin titre 10,8. Cette détermination guide d'une manière positive pour donner un titre alcoolique plus ou moins fort auquel on veut porter le vin.

Cette opération est, comme on le voit, d'une grande simplicité ; mais, à cause du petit volume avec lequel on opère, il est bon de faire au moins deux essais. Sans cela, on pourrait fort bien, malgré de grandes précautions, arriver à une erreur de 1/2 et même de 1 degré sur le titre vrai du vin.

Dans la longue série d'expériences à laquelle je me suis livré, j'ai employé à tour de rôle l'appareil de M. Salleron et un autre de plus grande dimension, mais basé sur le même principe. Cet appareil est un simple ballon en verre de 750 grammes de contenance ; j'opérais sur 1/2 litre de vin ; j'en distillais et recueillais la moitié, au moyen d'un réfrigérant ; je rétablissais le volume primitif du vin en ajoutant de l'eau au produit de ma distillation ; je pesais à l'alcoomètre de

Gay-Lussac, prenais la température et opérais la conversion au moyen de la table précédente.

Dans cette opération de la distillation du vin, il peut se glisser quelques erreurs, et voici d'où elles peuvent provenir :

Le vin n'est pas un simple mélange d'eau et d'alcool dans lequel se tiennent en dissolution des sels végétaux et minéraux, il contient aussi certains éthers et acides volatils : il peut donc y avoir là une cause d'erreur, mais faible.

Les éthers qui existent dans le vin y sont en quantités très-faibles, et dans l'opération de la distillation, le récipient se trouvant à l'air libre, une partie échappe et se perd dans l'atmosphère, ainsi qu'on peut s'en convaincre en s'approchant de cette éprouvette ; cette chance d'erreur est donc très-faible.

Les huiles qui existent dans le vin et qui constituent le bouquet du vin sont aussi volatiles, il est vrai ; mais leur quantité est réellement trop petite pour qu'il soit utile d'en tenir compte.

Quel est donc le produit qui peut sérieusement influencer le résultat cherché ? C'est, à mon avis du moins, l'acide acétique, qui se trouve entraîné par la distillation rapide à laquelle on soumet le vin.

Tous les vins ne contiennent pas de l'acide acétique, me dira-t-on, c'est vrai ; mais il est une remarque que chacun a sans doute pu faire, c'est que le produit de la distillation d'un vin, quelques précautions qu'on prenne, a toujours une réaction acide et précipite les sels de plomb. Il a donc passé un acide inconnu avec le produit de l'évaporation du vin. Cet acide je l'ai étudié avec soin; je suis même parvenu à le fixer au moyen des sels d'argent et je ne puis le considérer autrement que comme de l'acide acétique, lui ayant trouvé toutes les propriétés de cet acide.

Admettons donc que, dans cette opération, il passera un peu d'acide acétique qui faussera forcément le degré réel indiqué par l'alcoomètre; il faudra nous en débarrasser. Rien n'est plus simple; il suffit d'ajouter dans le vin à distiller quelques cristaux de carbonate de soude NaO, CO_2, HO. Il se formera alors un sel qui ne se décompose pas à $+ 100°$, de l'acétate de soude $NaO, C_4, H_3, O_3, 6 HO$, et l'acide carbonique dégagé sera entraîné par la distillation.

Notre seule chance d'erreur sensible se trouve donc éloignée, et, cette précaution prise, le degré que nous trouvons après deux ou trois opérations successives peut être considéré comme bien réel, laissant de côté d'ailleurs la question des gaz en dissolution dans le liquide pesé et qui pourraient influer sur l'alcoomètre; mais cela est du domaine de la science la plus profonde et non du domaine de la pratique.

Nous allons maintenant passer en revue les divers autres systèmes employés pour déterminer la richesse alcoolique des vins.

M. Tabarié, médecin à Montpellier, proposa, il y a une trentaine d'années, un procédé basé sur la densité. Il opérait de la manière suivante : il prenait une quantité déterminée de vin, le pesait au densimètre, enregistrait la température, puis soumettait ce vin à une évaporation partielle pour chasser l'alcool; il rétablissait le volume, ramenait à la température primitive, et pesait de nouveau au densimètre; de la différence des deux degrés trouvés il concluait à la quantité d'alcool.

Il est facile, rien qu'à la lecture de ce système, de voir toutes les difficultés et les chances nombreuses d'erreur qu'il présente. La simple évaporation du vin peut seule changer la nature des produits dissous et, par suite, la densité du liquide; puis ramener le vin à la température première est une opération bien plus délicate qu'on ne le suppose; car il ne faut jamais perdre de vue que le négociant n'a pas à sa disposition un laboratoire et les nombreux instruments qu'il comporte. Enfin il y a une série de calculs à faire qui sont autant de causes d'erreur. M. Tabarié a fait, il est vrai, des tables; mais elles ne dispensent pas des calculs.

M. Brossard-Vidal et M. Conatz sont partis d'un autre principe pour leurs ébullioscopes. L'eau pure bouillant à $+100°$, tandis que l'alcool bout à $+78,3$, sous la pression barométrique de $0^m,760$ de mercure, ils ont supposé qu'en déterminant le point d'ébullition d'un vin on pourrait, au moyen de tables, accuser sa richesse alcoolique. Grande était leur erreur, et, malgré la perfection que ces deux auteurs ont apportée dans l'exécution de leurs instruments, les résultats obtenus ont toujours été erronés. Voici pourquoi : un mélange d'eau et d'alcool, à 10 p. 100 d'alcool, bout à une température fixe. Ajoutez-y 1, 2 ou 3 p. 100 d'un sel végétal ou minéral quelconque, vous aurez immédiatement 3 points d'ébullition différents, et, chaque fois que vous modifierez la quantité des sels en dissolution dans le liquide, vous changerez le point d'ébullition. Comme le vin n'est jamais le même et que sur 10 échantillons vous avez le plus souvent 10 proportions différentes de sels, admettant que la richesse alcoolique soit la même pour ces 10 échantillons, vous aurez 10 résultats différents.

Je ne parle pas de la présence des éthers que l'élévation de température fait dégager du vin et qui, eux aussi, concourent à fausser le résultat.

Nous sommes loin cependant de repousser entièrement le procédé de ces deux savants ; car, au moyen de leurs instruments et de l'alcoomètre de Gay-Lussac, on peut, avec de la pratique, arriver à connaître le poids presque exact du résidu sec que doit donner un vin, et c'est même un nouveau sujet d'étude que je me propose de poursuivre.

M. Silbermann s'est basé sur la différence de dilatation des deux liquides, l'eau et l'alcool.

L'eau se dilate des 0,0278 de son volume, de 0 à + 78,3 ;

L'alcool, de 0,0936 du sien pour les mêmes températures.

Il a construit sur cette base un instrument fort ingénieux et d'une assez grande exactitude, mais d'une pratique tellement minutieuse, que nous ne pouvons conseiller son emploi. Du reste, après l'appareil de Gay-Lussac, c'est, je pense, le plus exact ; mais il ne peut être employé que dans les laboratoires et par des personnes familières avec les expériences délicates.

Nous terminerons ce chapitre par une description sommaire de l'alcoomètre; car il est bon que l'on connaisse la construction de l'instrument qu'on est appelé à employer journellement.

Détermination de la richesse alcoolique de quelques vins de la Champagne, récolte de **1864.**

Chavot............	9.40	Verzenay..........	10 »
Romery..............	10.05	Ay...............	11 »
Ay.................	10 02	Épernay..........	10.2
Verzenay...........	10.05	Monthelon........	9.3
Ay 1re cuvée........	10.75	Rilly............	10.4
Cumières...........	8.50	Cramant..........	9.5
Id.................	8.60	Marcuil..........	9.7
Ay.................	11 »		

De l'alcoomètre.

L'alcoomètre est une variété de l'aréomètre ou du densimètre. Sa destination est d'indiquer la densité du liquide dans lequel on le plonge.

Cet instrument est formé d'un tube en verre dont la base porte deux renflements à volumes constants; dans la boule inférieure se trouve le poids qui le maintient dans la position verticale et fait équilibre à la tige de l'instrument. Ce tube est fermé aux deux extrémités, et rien ne doit plus venir en changer ni le poids ni le volume (pl. I, fig. 2).

Son point de départ ou son zéro est donné par l'eau distillée bouillie, ramenée à $+$ 15 degrés centigrades et le 100 degrés son maximum de titre est donné par l'alcool absolu, également à + 15° de température. Il ne faut pas perdre de vue ces points de départ, car c'est d'eux que dépend toute la précision des opérations auxquelles il faudra se livrer pour déterminer le titre alcoolique d'un liquide.

Lorsque vous plongez votre alcoomètre dans un mélange quelconque d'alcool et d'eau, vous lisez le degré qui n'est qu'un titre provisoire ; il faut ensuite prendre la température du liquide et faire la conversion en force réelle, au moyen de la table donnée, page 14.

Il est bien entendu que l'alcoomètre ne donne pas la valeur en centièmes du poids de l'alcool contenu dans le vin, mais en volumes. C'est ainsi qu'un vin qui contient 15 p. 100 d'alcool est composé de 85 volumes d'eau et 15 volumes d'alcool absolu, admettant toujours que le vin ne contienne pas autre chose que de l'eau et de l'alcool.

La relation qui existe entre le densimètre et l'alcoomètre est constante ; ainsi, au moyen des tables de l'alcoomètre, celui-ci peut servir de densimètre pour les corps plus légers que l'eau ; mais, dans la pratique, pour simplifier les choses, on a fait des densimètres pour chaque nature de liquides : les huiles, les sirops, les dissolutions de sels. Nous aurons, du reste, occasion de revenir sur ces divers instruments, quand nous étudierons les sels solubles dans les vins.

Nous ne pousserons pas plus loin nos études sur la

théorie de ces instruments ; nous mentionnerons seulement leurs variétés et joindrons à ce travail les tables de conversion indispensables pour leur emploi.

Cartier a fait un alcoomètre qui pendant longtemps a servi de type pour le commerce des vins ; il a été l'instrument légal jusqu'à l'alcoomètre centésimal de Gay-Lussac qui remplace avec avantage l'ancien système ; mais ce système jouit encore d'une telle notoriété que nous ne pouvons le passer sous silence. Gay-Lussac a dressé les tables de conversion des degrés Cartier en degrés centésimaux ; dans cette conversion il a rencontré de grandes difficultés. Les points de départ de l'instrument de Cartier étaient très-vagues, et Gay-Lussac ne put, malgré ses recherches, trouver une série d'instruments donnant des résultats identiques. Pour en finir, il admit que l'aréomètre Cartier devait marquer 10° dans l'eau distillée à $+12°$ de température ; puis il admit que le 28° degré de Cartier correspondait au 74° degré centésimal à $+15°$ de température.

Les tables ont donc été calculées sur cette base, et nous les donnons telles qu'elles sont admises dans les ouvrages spéciaux.

Conversion des degrés Cartier en degrés centésimaux.

DEGRÉS Cartier.	DEGRÉS centésimaux.	DEGRÉS Cartier.	DEGRÉS centésimaux.	DEGRÉS Cartier.	DEGRÉS centésimaux.
10	0.0	22	58.7	34	86.2
11	5.3	23	61.5	35	88 »
12	11.3	24	64.2	36	89.6
13	18.4	25	66.2	37	91.1
14	25.4	26	69.4	38	92.6
15	31.7	27	71.8	39	94 »
16	37 »	28	74.0	40	95.4
17	41.5	29	76.3	41	96.6
18	45.5	30	78.4	42	97.7
19	49.2	31	80.5	43	98.8
20	52.5	32	82.4	44	99.9
21	55.7	33	84.3		

Conversion des degrés centésimaux en degrés Cartier.

Degrés centésimaux.	Degrés Cartier.	Degrés centésimaux.	Degrés Cartier.	Degrés centésimaux.	Degrés Cartier.	Degrés centésimaux.	Degrés Cartier.	Degrés centésimaux.	Degrés Cartier.
1	10.2	21	13.4	41	16.9	61	22.8	81	31.3
2	10.4	22	13.5	42	17.1	62	23.2	82	31.8
3	10.6	23	13.6	43	17.4	63	23.5	83	32.3
4	10.8	24	13.8	44	17.6	64	23.9	84	32.8
5	10.9	25	14 »	45	17.9	65	24.3	85	33.3
6	11.1	26	14.1	46	18.1	66	24.7	86	33.9
7	11.3	27	14.2	47	18.4	67	25.1	87	34.4
8	11.5	28	14.4	48	18.7	68	25.5	88	35 »
9	11.6	29	14.5	49	19 »	69	25.8	89	35.6
10	11.8	30	14.7	50	19.2	70	26.3	90	36.7
11	12 »	31	14.9	51	19.5	71	26.7	91	36.9
12	12.1	32	15 »	52	19.8	72	27.1	92	37.6
13	12.3	33	15.2	53	20.1	73	27.5	93	38.3
14	12.4	34	15.4	54	20.5	74	28 »	94	39 »
15	12.5	35	15.6	55	20.8	75	28.4	95	39.7
16	12.7	36	15.8	56	21.1	76	28.9	96	40.5
17	12.8	37	16 »	57	21.4	77	29.4	97	41.4
18	12.9	38	16 2	58	21.8	78	29.8	98	42.3
19	13.1	39	16 4	59	22.1	79	30.3	99	43.2
20	13.2	40	16 6	60	22 5	80	30.8	100	44.2

De l'alcoométrie basée sur la densité du vin dépouillé d'alcool.

Il est une autre méthode pour déterminer la valeur alcoométrique du vin ; mais elle est longue et minutieuse ; cependant nous croyons utile de la décrire. Cette méthode, nous le pensons, n'a encore été appliquée que par nous, pour vérifier la densité provenant des sels dissous dans le vin avant et après l'emploi des réactifs chimiques que nous employons et que nous indiquerons à leurs chapitres respectifs.

Voici la méthode : prenez un ballon d'une capacité de 600 cent. cubes environ et gradué de 100 en 100 cent. cubes. Remplissez-le de vin jusqu'à la marque 500 cent. cubes. Ce vin a été pesé à l'alcoomètre, en ayant soin qu'il ait été ramené à + 15° ; il vous donne, par exemple, le chiffre 10°. Au moyen de la table de conversion suivante, vous vous assurez que sa densité est de 987.

Ce chiffre déterminé, vous évaporez le vin à une douce chaleur jusqu'à réduction à 200 cent. cubes ; puis vous le ramenez au volume primitif par de l'eau distillée et à la température de + 15°. Soumis au densimètre, il vous donne alors, par exemple, 1,008.

Vous posez alors la proportion suivante :

$$0,987 : 1 :: 1,008 : X.$$

X = 0,979,1 ; ce qui, d'après la table suivante, vous donne 16°,8 d'alcool.

Cette méthode, du reste fort imparfaite, n'a d'intérêt que dans un but expérimental.

Tableau de la conversion des degrés de l'alcoomètre en degrés du densimètre.

Alcoomètre.	Densité.	Alcoomètre.	Densité.	Alcoomètre.	Densité.	Alcoomètre.	Densité.	Alcoomètre.	Densité.
0	1.000	21	0.975	42	0.949	63	0.909	84	0.851
1	0.999	22	0.974	43	0.948	64	0.906	85	0.851
2	0.997	23	0.973	44	0.946	65	0.904	86	0.848
3	0.996	24	0.972	45	0.945	66	0.902	87	0.845
4	0.994	25	0.971	46	0.943	67	0 899	88	0.842
5	0.993	26	0.970	47	0.941	68	0.896	89	0.838
6	0.992	27	0.969	48	0 910	69	0.893	90	0.835
7	0.990	28	0.968	49	0 938	70	0.891	91	0.832
8	0.989	29	0.967	50	0.936	71	0.888	92	0.829
9	0.988	30	0.966	51	0.934	72	0.886	93	0.826
10	0.987	31	0.965	52	0.932	73	0.884	94	0.822
11	0.986	32	0.964	53	0.930	74	0.881	95	0.818
12	0.984	33	0.963	54	0.928	75	0.879	96	0.814
13	0.983	34	0.962	55	0.926	76	0.876	97	0.810
14	0.982	35	0.960	56	0.924	77	0.874	98	0.805
15	0.981	36	0.959	57	0.922	78	0.871	99	0 800
16	0.980	37	0.957	58	0.920	79	0.868	100	0 795
17	0.979	38	0.956	59	0.918	80	0.865		
18	0.978	39	0.954	60	0.915	81	0.863		
19	0.977	40	0.953	61	0.913	82	0.860		
20	6.976	41	0.951	62	0.911	83	0.857		

Nomenclature de quelques alcools et éthers que peut renfermer le vin.

On peut rencontrer dans le vin naturel ou altéré les alcools suivants :

Alcool acéteux (aldéhyde),

Alcool butyrique,

Alcool amylique,

Alcool caproïque,

D'autres indéterminés.

Pour les éthers, on peut trouver dans le vin les suivants :

L'éther acétique,

L'éther butyrique,

L'éther tartrique.

Ces corps sont sans importance dans la pratique, et leur présence n'est pas bien établie ; nous les indiquons simplement comme renseignement.

CHAPITRE III.

DU SUCRE OU GLYCOSE.

—————

Formule chimique du sucre de raisin ou glycose.

Le sucre de raisin existe à l'état naturel dans le grain du raisin. Il s'y présente sous deux états : l'une cristalline, l'autre liquide.

La formule chimique est :

$$C^{12} H^{14} O^{14}.$$

Son équivalent est :

Carbone......................	900
Hydrogène....................	175
Oxygène......................	1,200
	2,275

Le sucre de raisin, d'après M. Dubrunfaut, sucre deux et demi à trois fois moins que le sucre de canne.

100 kilog. de sucre de raisin soumis à la fermentation donnent en chiffres ronds :

51,11 alcool pur.
48,89 acide carbonique.

Le glycose chauffé à + 120 perd 2 équivalents d'eau, et sa formule est $C^{12} H^{12} O^{12}$. A 170, il se caramélise.

Du sucre.

Nous venons de nous fixer dans le chapitre précédent sur le point de départ de notre analyse du vin, l'alcool. Nous allons continuer nos investigations et entrer dans un ordre d'idées d'une portée plus difficile ; aussi nous recommandons à nos lecteurs de suivre avec attention les explications dans lesquelles nous serons obligé d'entrer dans ce chapitre.

La détermination du poids du sucre contenu dans un litre de vin est une des choses les plus importantes pour le négociant de la Champagne, car de l'exactitude de cette évaluation dépend toute la réussite du travail auquel il va soumettre son vin, c'est-à-dire la prise de mousse, et, par contre, le règlement de la casse qu'il aura à supporter.

Pour les autres pays, cette évaluation n'est qu'un simple objet de curiosité ; mais, comme j'écris ce livre principalement pour mes confrères de la Champagne, je ne crains pas d'entrer dans trop d'explications. La solution de ce problème est de première importance ; que le lecteur m'excuse donc si je suis un peu long ; je désire, avant tout, me bien faire comprendre.

Jusqu'à ce jour, en Champagne, le seul pays où l'on ait un intérêt majeur à déterminer la proportion du sucre dans le vin, on s'est servi du procédé imaginé par M. François, habile pharmacien de Châlons-sur-Marne, qui, on peut le dire à sa gloire, est encore le grand maître en fait de fabrication de vin de Champagne. Ce procédé, quoique assez imparfait, est cependant très-satisfaisant pour la pratique et ne nécessite une vérification qu'au point de vue de l'analyse chimique détaillée, dans laquelle on cherche à se rendre un compte exact des éléments d'un vin.

Avant tout, je déclare que je ne viens pas me poser en réformateur des travaux de M. François ; loin de là ; je les admire, et ce n'est que lorsqu'on a fait un grand nombre d'analyses de vins qu'on peut apprécier à sa juste valeur tout ce qu'a fait d'utile ce modeste savant. S'il n'a pas poussé plus loin son travail, c'est faute d'éléments, et certes, s'il eût connu les travaux de MM. Bunsen, Berthelot et Pasteur, il aurait exécuté un travail digne de nos maîtres en chimie organique.

Je décrirai d'abord les procédés de M. François, puis je passerai à de plus amples détails et à des considérations d'un ordre plus élevé.

Voici la description de l'ingénieux instrument au moyen duquel M. François exécute ses opérations. Il emploie le gleuco-œnomètre de Cadet de Vaux.

Le gleuco-œnomètre est un flotteur dans le genre de l'alcoomètre ou du densimètre; c'est donc un aréomètre, mais d'une construction spéciale, et sa graduation s'exécute de la manière suivante :

On plonge dans une éprouvette pleine d'eau distillée à $+$ 15° l'instrument de la forme représentée dans la figure; l'extrémité D n'est pas encore fermée. On marque avec soin le point d'affleurement de l'eau ; ce point A sera le 0, c'est-à-dire correspondra au 1,000° du densimètre ordinaire (pl. i, fig. 3).

Puis on prend 15 grammes de sel marin ou chlorure de sodium bien pur et bien sec ($NaCl$) qu'on fait dissoudre dans 85 grammes d'eau distillée à $+$ 15° de température; on y plonge l'instrument, toujours l'extrémité ouverte; on marque le point B, qui sera le 15e degré, correspondant au 1,117° du densimètre. On ferme alors l'extrémité du tube D ; on vérifie si les points marqués n'ont pas changé, et on divise l'espace A et B en quinze parties égales. On a une échelle de 15 degrés donnant les indications dont on aura besoin plus tard. Une fois cette échelle inférieure obtenue, on construit l'échelle supérieure en mesurant au-dessus de 0 une longueur égale à AB, et la divisant également en quinze parties, on a les degrés de légèreté du liquide ; cette échelle supérieure sert à peser directement les vins.

La construction du gleuco-œnomètre connue, nous donnerons, d'après MM. Payen et Maumené, un tableau des rapports qui existent entre les divisions du gleuco-œnomètre et le densimètre, appliqués à 100 litres d'eau sucrée et à une pièce de 200 litres de vin. Cette table servira de base pour les calculs auxquels nous aurons à nous livrer pour démontrer la plus ou moins grande précision du procédé de M. François.

Tables des rapports entre le gleuco-œnomètre et le densimètre.

DEGRÉS du gleuco-œnomètre.	DENSITÉS.	SUCRE dans 100 litres d'eau sucrée.	SUCRE dans une pièce de vin de 200 litres.
		k	k
1	1.007	1.5	0.5
2	1.014	3.3	1.1
3	1.021	5	1.7
4	1.029	6.6	2.2
5	1.036	8.2	2.7
6	1.044	9.8	3.3
7	1.051	11.4	3.8
8	1.059	13.2	4.4
9	1.067	15	5
10	1.075	16.7	5.6
11	1.083	18.5	6.2
12	1.091	20.2	6.7
13	1.099	22	7.3
14	1.108	24	8
15	1.117	26	8.7
16	1.125	27.9	9.3
17	1.134	29.8	9.9

Voici comment opère M. François. Il prend 750 grammes de vin, les réduit soit à feu nu, soit au bain-marie, à 125 grammes, c'est-à-dire d'un sixième, et verse le produit de cette évaporation dans une éprouvette. On descend celle-ci dans un lieu frais où elle doit reposer vingt-quatre heures. Que se passe-t-il alors ? Les sels contenus dans le vin, ne se trouvant plus dans la même quantité de liquide, se précipitent en partie selon leur degré de solubilité et tombent au fond de l'éprouvette. C'est alors qu'on introduit le gleuco-œnomètre dans le liquide. La quantité de sucre contenue dans le vin est alors déduite du degré de densité indiqué par l'instrument.

M. François considérait un vin pesant après réduction 5 degrés, comme ne contenant pas de sucre, ce poids de 5 degrés représentant pour lui les sels en dissolution dans le vin. Ainsi, un vin réduit pesant 12 degrés, M. François le classe de la manière suivante :

12 degrés représentent $33^{gram.},500$ de sucre par litre. Si nous déduisons le poids des 5 degrés considérés comme n'étant pas du sucre et donnant $13^{gram.},500$ par litre, nous avons comme reste : $33^{gram.},500 — 13^{gram.},500 = 20$ grammes de sucre par litre, poids admis pour une bonne mousse.

Le tableau précédent nous permet d'opérer facilement ce travail et de fixer exactement le poids de sucre qu'il faut ajouter à un vin pour avoir 20 grammes de sucre par litre de vin. Ce poids de 20 grammes est admis comme le plus propre à donner une bonne mousse après la fermentation en bouteilles.

Exemple :

Un vin donne après réduction 7 degrés, c'est-à-dire 19 grammes, moins $13^{gram.},500$ à déduire pour les 5 premiers degrés, reste $5^{gram.},500$; il faut donc que j'ajoute $14^{gram.},500$ de sucre pour avoir 20 grammes de sucre pur par litre; ou, pour mieux dire, que, une fois cette addition faite et réduit à un sixième, il me donne 12 degrés au gleuco-œnomètre, degrés auxquels se règlent généralement les tirages en Champagne. Ce titre n'est pas absolu, on peut le forcer sans grand danger jusqu'à 13 degrés, si on tire en cave ; mais, pour un tirage dans un cellier, 12 degrés sont suffisants.

La pratique a sanctionné ce mode d'opérer, et il est maître du terrain en Champagne, où il rend chaque jour de nouveaux services.

Le procédé est cependant loin d'être à l'abri de toute critique. Voici quelles en sont les raisons. Ce chiffre de 13^{gram},500 que M. François déduit de son degré, c'est-à-dire 5 degrés du gleuco-œnomètre avant d'ajouter le sucre, est variable ; car il établit que ce chiffre représente des éléments qui ne sont pas du sucre. Là est l'erreur ; en effet, par suite de la réduction, une partie du tartre est précipitée, et ce poids de 13^{gram},500 n'est pas la représentation exacte des corps non fermentescibles que contient le vin ; l'expérience m'a démontré qu'il représentait aussi une quantité notable de sucre dont M. François ne tient pas compte et qui souvent, dans des opérations de tirage, a occasionné des désastres auxquels on était loin de s'attendre. Il faut donc opérer d'une autre manière pour s'assurer si la réduction François n'entraîne pas dans une de ces graves erreurs qui font manquer une opération.

C'est ainsi que vous avez des années où le vin est pauvre en tartre, riche en acides, en matières étrangères qui viennent influer sur le gleuco-œnomètre et faire prendre pour des corps inertes ce qui est du sucre de raisin parfaitement pur.

De plus, la réduction de M. François ne donne pas le poids du sucre, quand il est en petite quantité ; vous ne pouvez le déterminer que lorsqu'il existe en certaine proportion. Ces raisons ont porté à rechercher une autre méthode ; je vais en exposer plusieurs.

En me basant sur le procédé de réduction de M. François, j'ai entrepris une modification. Voici le nouveau procédé que j'offre à l'appréciatiou des praticiens.

Lorsqu'on a fait la réduction de 750 grammes de vin à 125 grammes, on ajoute à ce vin réduit environ 500 centimètres cubes d'alcool aussi pur que possible, à 96° ou à 98°, s'il est possible. On agite fortement. Le tartre, les sels de chaux et autres n'étant pas solubles dans l'alcool, ainsi que l'albumine et les mucilages, il se forme un précipité abondant d'une composition complexe ; j'aurai occasion d'y revenir. On filtre avec soin en lavant le filtre avec environ 100 centimètres cubes de nouvel alcool. Le liquide clair ne contient que les sels solubles dans l'alcool à 75°, quelques acides et le sucre de raisin qui est très-soluble dans l'alcool à 75 degrés.

Pour ne pas perdre l'alcool, on introduit le liquide dans un petit appareil à distiller et l'on évapore environ jusqu'aux deux tiers.

En faisant cette opération avec soin, l'alcool peut servir pour d'autres opérations. Il convient cependant de le saturer préalablement avec du carbonate de soude pour enlever les quelques acides qui ont pu passer à la distillation.

Le produit resté dans la cucurbite est versé dans un vase à précipité ; on sature le liquide au moyen d'une solution concentrée d'acétate neutre de plomb. Il se forme un nouveau précipité abondant ; l'acé-tate de plomb a été décomposé et a formé une nouvelle série de sels insolubles qui se précipitent ; on lave le filtre avec de l'eau distillée ; puis on évapore dans une capsule tarée le résultat de la filtration jusqu'à ce qu'il soit ramené au poids de 125 grammes. On laisse refroidir dans une éprou-vette. Alors il ne se forme plus de précicipité ; le liquide reste parfaitement clair. Quand il est à la température exacte de + 15 degrés, on le pèse au gleuco-œnomètre, et le degré qu'il donne représente très-exactement le sucre réel du vin. En effet, après les opérations successives auxquelles il a été soumis, ce liquide a été débarrassé de tous les corps étrangers qui pouvaient nuire à l'exactitude du résultat donné par le gleuco-œnomètre.

Lors de mes premiers essais sur ce procédé, je crus avoir mis la main sur quelque chose de parfait ; mais, en poussant plus loin mes investigations, je suis ar-rivé à me convaincre que là encore il y avait un vice auquel il fallait remédier.

Dans cette série d'opérations, quelques précautions qu'on prenne, il reste toujours un peu de sucre dans les filtres ; première cause d'erreur. Seconde cause :

lorsqu'on ajoute de l'acétate neutre de plomb dans un liquide sucré qui contient des acides organiques, il est évident pour moi qu'une partie du sucre, faible il est vrai, se combine avec le plomb et forme une sorte de sucrate de plomb insoluble dans l'eau. Voici ce qui m'en a donné la preuve.

Ayant voulu étudier la nature des sels de plomb restés sur mon filtre, je les lavai à grande eau à plusieurs reprises. J'essayai l'eau; elle ne contenait pas trace de sucre. Je traitai alors mon résidu solide par l'acide sulfurique (SO^3, HO) dilué et j'obtins un précipité nouveau de sulfate de plomb et un liquide que j'essayai; il contenait du sucre parfaitement appréciable par les réactifs de cuivre et autres méthodes.

J'avais donc entraîné une partie du sucre de mon opération première; aussi je rejetai de suite la méthode pour les analyses délicates; mais je la maintiens pour les opérations de la pratique, car elle permet d'arriver à l'appréciation de très-minimes quantités du sucre du vin, mais toujours inférieures au poids réel. De plus, elle a l'avantage de n'exiger que peu de travail chimique et de donner par déduction le poids des acides solubles dans le premier produit de la réduction.

Voici donc une première méthode qui permet de contrôler le système de M. François.

Je passerai immédiatement à la description du procédé que je considère comme le plus exact, quoiqu'il soit encore sujet à quelques erreurs, mais si faibles que, dans la pratique, elles sont sans aucune importance. Il consiste dans l'emploi du réactif de Fehling et se fonde sur l'action qu'exerce la glycose sur la liqueur cupro-tartrique.

La grande objection faite à ce mode d'opérer est que le vin contient des substances jouissant, comme la glycose, de la propriété de réduire le cuivre, telles que l'aldéhyde et certaines huiles essentielles ; mais, dans tous les cas, leur proportion est tellement minime, qu'il n'y a pas lieu d'en tenir compte, surtout pour une analyse industrielle dans laquelle une erreur de quelques dixièmes de milligramme de sucre par litre de vin est sans importance.

J'ai fait de nombreuses expériences à ce sujet et j'ai toujours obtenu des résultats d'une grande précision et d'une grande régularité dans plusieurs dosages successifs du même vin, ce qui est une garantie importante. La constance d'un réactif est sa qualité la plus essentielle.

Voici, du reste, le résumé du travail sur lequel M. Fehling a basé sa méthode :

M. Fehling trouva qu'en ajoutant à une dissolution de sulfate de cuivre, de potasse et de tartre, dans des proportions connues, une dissolution de sucre de raisin ou glycose, le sel de cuivre se trouvait décomposé et le cuivre précipité à l'état d'oxyde. Il basa sa méthode sur cette réaction, car l'observation l'amena à prouver qu'un équivalent de sucre de raisin correspond à 10 équivalents de sulfate de cuivre ; soit que 180 de sucre de raisin ou glycose réduisent exactement 1246,8 de sulfate de cuivre, d'où il conclut que 5 grammes de sucre décomposent $34^{gram.},640$ de sulfate de cuivre contenus dans la liqueur d'essai. Il a donc composé sa liqueur sur cette base.

Pour préparer le réactif de M. Fehling on exécute la formule suivante :

Sulfate de cuivre pur cristallisé............	35 gram.
Eau distillée............................	140 —

Faites dissoudre.

Tartrate neutre de potasse..............	$138^{gram.},60$
Eau distillée.........................	100 —

Faites dissoudre.

Puis dans une grande capsule de porcelaine mettez :

Soude caustique.......................	$108^{gram.},30$
Eau distillée..........................	500 —

Chauffez, puis ajoutez la solution de tartrate neutre en agitant ; enfin vous finissez en ajoutant la solution de sulfate de cuivre par petites portions en agitant avec une baguette en verre de manière à bien dissoudre l'oxyde de cuivre qui se précipite. Laissez refroidir le tout, mettez-le dans une éprouvette de 1 litre, et, quand la température du liquide est de $+$ 10 à $+$ 12 degrés centigrades, complétez le volume de 1 litre par de l'eau distillée ; agitez fortement et gardez dans un flacon bouché à l'émeri, à l'abri de la lumière.

Comme la soude caustique est assez difficile à peser, parce qu'elle s'hydrate dès qu'elle est exposée à l'air, il ne faut pas craindre d'en mettre un excès. Cet excès d'alcali n'a aucun inconvénient; l'important est d'avoir du sulfate de cuivre bien pur, bien cristallisé et sec. Il est même bon, quand on veut opérer avec soin, de le faire cristalliser à plusieurs reprises; par ce moyen on le sépare de l'oxyde qui aurait pu se former, surtout s'il est préparé anciennement et s'il a été exposé à l'air. 10 centimètres cubes du réactif sont entièrement décolorés par $0^{\text{gram}},05$ de glycose. Quelques auteurs disent $0^{\text{gram}},048$; mais nous admettons $0^{\text{gram}},05$, ce qui rend le calcul du sucre contenu dans une quantité de vin donnée très-simple, au moyen de la proportion suivante.

V étant le poids du vin employé, on pose la proportion suivante :

$$\text{V} : 0^{\text{gram}},05 :: 1,000 : x.$$

x est le poids du sucre cherché.

Quand on veut se servir de ce réactif, il est bon d'en vérifier l'exactitude; pour cela, il suffit de faire une dissolution de glycose à 1/2 p. 100. Dix centimètres cubes du réactif doivent être réduits par 5 centimètres cubes de la susdite solution de glycose. Cet essai est simple à faire, mais nécessaire.

Du reste, je conseillerai aux industriels d'éviter les embarras de la préparation de ce réactif et de s'adresser simplement aux pharmaciens qui se chargent de le préparer à des prix raisonnables et dans de bonnes conditions; ils sont familiarisés avec les manipulations chimiques et peuvent, mieux qu'une autre personne, apporter les soins nécessaires à cette préparation.

Il faut également éviter de garder le réactif trop longtemps; car à la longue il se décompose et son titre change; on peut, du reste, le rectifier facilement en y ajoutant du sulfate de cuivre. Voici comment on procède : avec une éprouvette graduée on mesure exactement 10 centimètres cubes du réactif; on les introduit dans un petit ballon de verre de 100 grammes de capacité ; on ajoute de 30 à 40 centimètres cubes d'eau distillée qu'on passe dans l'éprouvette qui a servi à mesurer le réactif, de manière à en enlever le peu qui pourrait y rester ; puis on porte à l'ébullition. Alors, avec une burette anglaise représentée dans la figure (pl. i, fig. 4), graduée en dixièmes de centimètre cube, on instille le vin à éprouver doucement, de manière à ne pas arrêter l'ébullition, ce qui est très-important.

Peu à peu le cuivre est réduit, et, de bleu qu'était le liquide, il passe au brun, puis au blanc jaune; la réaction est alors terminée, et l'on a au fond du ballon un précipité abondant d'oxydule de cuivre d'un beau rouge vif. On lit alors sur la burette la quantité de vin employée et on pose la proportion suivante : supposons qu'il ait fallu 12 centimètres cubes 5/10 pour arriver à cette décoloration parfaite qui est le signe de la fin de l'opération.

On dit : $12^{c.c},5 : 0^{gram},05 :: 1,000 : x$. x, dans

ce cas, représente 4 grammes de sucre de raisin par litre. Ce résultat est d'une grande exactitude et peut servir de base pour toutes les opérations à venir.

Il se présente dans cette opération quelques particularités que je vais expliquer pour éviter à mes lecteurs les nombreuses écoles que j'ai faites.

Quand on agit sur un vin très-blanc, l'opération marche d'une façon très-simple et ne présente pas de difficultés; mais, si l'on opère sur un vin rosé, il arrive que, dès que les premières gouttes du vin sont projetées dans le réactif, celui-ci se colore en vert; c'est l'action de l'alcali sur la matière colorante du vin; il ne faut pas s'en préoccuper et continuer d'ajouter du vin jusqu'à ce que cette couleur ait disparu. Cependant, quand elle se prononce d'une manière très-forte, il faut employer le procédé suivant, qui ramène l'opération à sa simplicité primitive.

Prenez 100 centimètres cubes de vin; saturez-les exactement avec une solution concentrée d'acétate de plomb; filtrez; lavez le filtre avec soin, puis précipitez l'excès de plomb que renferme le liquide par le carbonate de soude; filtrez de nouveau; lavez le filtre et ramenez au volume par l'ébullition. Il faut éviter, pour enlever l'excès de plomb au liquide, l'emploi de l'acide sulfhydrique, comme quelques auteurs l'ont conseillé; ce procédé est défectueux sous beaucoup de rapports.

Par le procédé décrit plus haut, le vin est entièrement décoloré, et l'on peut opérer le dosage du sucre comme il a été dit plus haut; seulement il faut observer une chose, c'est qu'il y a toujours une perte de sucre, quels que soient les lavages et les précautions que vous aurez prises. Il faut recueillir avec soin le précipité ; le délayer dans de l'eau, puis convertir le tartrate de plomb obtenu en sulfate de plomb insoluble ; filtrer et vérifier si le liquide filtré ne contient pas du sucre ; ce qui arrive toujours, l'acétate de plomb se combinant, en faibles proportions, il est vrai, avec le glycose, en présence des acides du vin. On rend le glycose à l'état libre en décomposant les sels de plomb par l'acide sulfurique.

Ce procédé de décoloration est indispensable pour les vins rouges, car l'alcali du réactif de Fehling fait brusquement passer la couleur rouge du vin au vert le plus intense qui masque la couleur bleue du réactif.

Pour les vins de la Champagne, qui sont souvent légèrement rosés, le réactif devient vert sur la fin de l'opération ; mais il n'y a pas lieu de s'en préoccuper ; il faut ajouter du vin jusqu'à ce que cette couleur ait disparu pour faire place à une belle couleur jaune d'or. C'est à ce moment seulement que le précipité devient d'un rouge vif, car, tant que le précipité est brun, on peut considérer l'opération comme incomplète.

Il est bon, lorsqu'on essaye des moûts de vins, de les étendre d'eau, car l'opération n'est bien précise que lorsqu'on emploie au moins 8 à 12 centimètres cubes de vin ou de liquide sucré pour décolorer le réactif. Quand le moût est trop chargé de sucre, il est fort difficile d'apprécier un centième de centimètre cube ; en l'étendant de 10 à 20 fois son volume d'eau, on évite les erreurs et l'on arrive à une plus grande précision. Puis, lorsqu'on projette dans le ballon un liquide chargé de sucre, la réaction se fait trop brusquement et le résultat est généralement altéré.

Je crois donc pouvoir conclure que ce procédé, malgré ses imperfections, offre cependant des garanties suffisantes d'exactitude pour être employé dans les analyses.

Le dosage du sucre est, il ne faut pas se le dissimuler du reste, une des opérations les plus délicates de la chimie industrielle, et je ne connais aucun procédé qui soit exempt d'inconvénients ou ne soit sujet à des erreurs plus ou moins graves.

M. Maumené croit avoir trouvé un moyen certain et rapide. Nous allons le décrire sans appréciations ni commentaires, car, à notre avis, il est loin de remplir toutes les conditions admises par son auteur, dont nous apprécions cependant beaucoup les travaux :

Voici cette méthode :

Faire évaporer, au bain-marie, 200 centimètres cubes de vin dans lequel on ajoute 30 à 40 grammes de bichlorure d'étain cristallisé pur ; soumettre le résidu de cette évaporation à une température de 130 à 140 degrés dans l'étuve Gay-Lussac pendant un quart d'heure ou davantage ; reprendre alors par l'eau qu'on peut rendre très-acide au moyen de l'acide chlorhydrique : on dissout ainsi toutes les parties solides, excepté le résidu noir appelé *caramélin*. On lave bien cette matière à l'eau acidulée, puis à l'eau pure, et on fait passer toutes les eaux de lavage sur un filtre de même poids que celui qui doit recevoir le caramélin. On fait sécher les deux filtres ensemble, on les pèse, et le poids du caramélin est représenté par la différence de leur poids.

On connaît ensuite le poids du sucre cherché S par la proportion suivante :

$$S \quad : \quad P \quad :: \quad 5 \quad : \quad 3.$$

Sucre de vin.   Caramélin obtenu.

Comme nous l'avons dit, ce procédé est fortement recommandé par son auteur ; nous l'avons essayé à plusieurs reprises, mais sans succès, et nous avons pu constater que, du moins, sa pratique est minutieuse et délicate.

Reste maintenant l'application du saccharimètre de Biot.

Jusqu'à ce jour aucun travail complet n'a pu être exécuté par ce procédé ; le vin est un liquide trop complexe pour se prêter à ce genre d'examen, fort délicat du reste, et hors de la portée des industriels et même d'un grand nombre de chimistes.

Je terminerai là ce travail sur la recherche du sucre ; je crois avoir suffisamment prouvé la difficulté énorme que présente cette analyse quantitative et la large carrière qu'elle laisse aux investigateurs.

Je conclus donc de ceci que toutes les méthodes conduisent à une assez juste appréciation, mais que pas une n'arrive à la perfection.

Je crois utile de joindre à ce travail un tableau donnant le résultat de quelques déterminations de sucre dans des vins de la Champagne de la récolte de 1864.

Tableau de contenance en sucre de divers vins.

NOM DU VIN.	ANNÉE.	DATE DE L'ESSAI.	SUCRE par litres.	NATURE DU VIN.
Verzy n° 1........	1864	30 octobre.	Gr. 0,877	Vin blanc de raisins blancs.
— n° 2........	—	—	0,876	Id. id.
— n° 3........	—	—	0,880	Id. id.
—	—	—	1,200	Id. id.
—	—	—	2	Vin blanc de raisins noirs.
Fleury........	—	31 octobre.	2	Id. id.
Ay............	—	9 novembre.	4,570	Id. id.
Verzy..........	—	10 —	1	Vin blanc de raisins blancs.
Monthelon........	—	13 —	2	Vin blanc de raisins noirs.
—	—	»	3,580	Id. id.
Ay............	—	15 —	50,000	Id. id. vin ayant mal fermenté.
Fleury..........	—	»	1,25	Id. id.
Epernay........	—	16 —	9,090	Id. id.
Fleury..........	—	16 —	1,040	Id. id.
Verzenay........	—	17 —	25	Id. id. vin ayant mal fermenté.
Verzy..........	—	20 —	9,915	Vin blanc de raisins noirs.
Ay............	—	1er décembre.	21,739	Id. id.
Chablis..........	—	4 —	1,282	Vin blanc de raisins blancs.
Monthelon........	—	janvier.	14,285	Vin blanc de raisins noirs.
Cumières........	—	—	8,585	Id. id.
—	—	—	4	Id. id.
Ay............	—	février.	4,545	Id. id.
Verzenay........	—	—	16,666	Id. id.
Ay............	—	—	19,230	Id. id.
Monthelon........	—	mars.	21,730	Id. id.
Romery..........	—	—	9,090	Id. id.
Chavot..........	—	—	7,352	Id. id.
Ay............	—	avril.	7,690	Id. id.

CHAPITRE IV.

DES ACIDES.

Des acides en général. — Acide carbonique. — Acide tartrique. — Acide acétique. — Acide succinique. — Acide malique. — Tanin.

———

Des acides du vin.

Le nombre des acides dont l'existence a été reconnue dans les vins est très-grand, aussi nous n'entreprendrons pas de les définir tous. Pour quelques-uns nous donnerons le procédé de détermination qualitative ; pour d'autres la détermination quantitative, et nous resterons dans les limites d'une étude élémentaire à la portée de tous.

Le rôle des principes acides dans les vins n'est pas encore parfaitement défini, surtout en ce qui concerne la fabrication du champagne mousseux ; cependant, comme il est admis par la pratique qu'une certaine quantité de ces éléments est indispensable à une bonne fabrication, nous allons étudier les procédés propres à en déterminer les proportions.

Ce serait une grave erreur de croire qu'on peut déterminer la qualité d'un vin d'après son titre d'acidité; il ne faut pas cependant la négliger, car ce titre ne peut dépasser certaines limites que sous peine de voir ces vins, en vieillissant, devenir désagréables, durs et impropres à la consommation.

La dégustation est tout à fait insuffisante pour fixer exactement le titre d'acidité d'un vin (il ne faut pas oublier que je parle toujours de vins nouveaux). Le sucre qui reste à l'état de dissolution dans le vin masque souvent son acidité, et, lorsqu'il a subi sa deuxième fermentation, on est fort surpris de le trouver dur, tandis qu'au printemps il était doux et tendre.

Il ne faudrait pas non plus croire que la quantité d'acide d'un vin n'influe pas sur sa qualité ; ce serait une autre erreur.

Une chose est à remarquer, c'est que les vins d'une même contrée et d'une même année ont une proportion d'acide presque constante ; mais, par contre, d'une région à une autre, ce titre change d'une façon souvent assez sensible. Je pourrais même citer des exemples curieux.

En Champagne, les vins d'Ay, de 1857, avaient un titre d'acidité bien plus élevé que les vins d'autres crus du même pays, infiniment moins estimés et d'une valeur trois fois moindre.

De plus, il ne faut pas confondre l'acidité des vins

avec le tartre, confusion qu'on rencontre journellement dans les meilleurs auteurs. Le tartre et les acides
sont deux choses parfaitement distinctes et dont le
rôle, dans la vinification, est entièrement différent. Je
démontrerai, du reste, dans un chapitre spécial con-
sacré au tartre, qu'il faut le doser à part et étudier
son état d'une façon toute spéciale, car sa plus ou
moins grande abondance suit des lois d'une régularité
parfaite, basées sur la solubilité des sels dans les liquides alcooliques.

Je prierai le lecteur de m'excuser, si j'entre ici dans
quelques considérations chimiques, fort élémentaires
du reste, mais qui sont indispensables pour bien
suivre les opérations auxquelles nous allons nous
livrer.

La théorie des procédés de détermination des acides
des vins que j'emploierai est basée sur la saturation
des acides organiques du vin par une base quelconque, mais dont les composés sont bien connus et
déterminés en équivalents et, par conséquent, en
poids. D'après cela, il fallait choisir une base qu'on
pût facilement se procurer et d'une conservation
sûre.

Comme plusieurs auteurs mes prédécesseurs, j'ai
adopté le système du docteur Mohr, exposé si claire-
ment dans son *Traité d'analyses quantitatives*, traduit
par M. Forthomme, de Nancy.

Ce savant professeur emploie une solution de soude
caustique (NaO) au titre de $1/1000$ d'équivalent pour
1 centimètre cube de liquide, et, pour titrer sa liqueur,

l'acide oxalique (C^2,O^3, 3HO) à 1/1000 d'équivalent par 1 centimètre cube de liquide. Ces deux préparations se font simultanément et se vérifient l'une par l'autre.

Voici, du reste, comment l'expérimentateur devra procéder pour préparer ses liqueurs titrées, chose de la plus haute importance, car de leur bonne exécution dépend toute l'exactitude du résultat. Il se conformera en tous points aux précautions minutieuses qui suivent.

Prenez un flacon de 1 litre ; jaugez-le avec de l'eau distillée à + 15 degrés centigrades ; marquez avec soin le point d'affleurement du liquide ; videz-le et séchez-le bien.

Procurez-vous de l'acide oxalique cristallisé pur ; étendez-le sur des feuilles de papier bien propres ; faites-le sécher à une douce température, de manière à lui enlever toute l'eau qu'il a pu emprunter à l'air ambiant ; pesez-en exactement 63 grammes ; mettez-les dans votre flacon jaugé ; introduisez environ 800 grammes d'eau distillée ; agitez fortement pour faire dissoudre.

En hiver, il est bon de faire chauffer un peu l'eau distillée pour activer la dissolution.

Quand le liquide est à la température exacte de +15° centigrades, vous complétez avec soin votre volume de 1 litre, et vous avez une liqueur type contenant exactement 0$^{\text{gram.}}$,063 d'acide oxalique par 1 centimètre cube, soit 1/1000 équivalent. L'équivalent de l'acide oxalique est 63.

L'acide oxalique a été employé de préférence à l'acide sulfurique parce qu'il est très-facile de le rencontrer pur, que sa dissolution peut se garder indéfiniment sans altération, tandis que l'acide sulfurique est d'une manipulation dangereuse, très-avide d'eau, et que sa liqueur normale change très-facilement de titre, quelque précaution qu'on prenne pour la conserver. Enfin il est rare de pouvoir se procurer, en province, de l'acide sulfurique à un titre régulier.

Pour préparer la solution normale de soude (Na O) qui doit servir à doser les acides, vous faites à un flacon de 1 litre la même opération de jaugeage, déjà décrite pour l'acide oxalique. Vous prenez de la soude caustique anhydre (Na O), vous en pesez environ 32 grammes, car le temps de la peser suffit pour l'hydrater en partie ; vous l'introduisez dans votre flacon et l'additionnez d'environ 950 centimètres cubes d'eau distillée, que vous avez fait préalablement bouillir pour chasser l'acide carbonique qui formerait immédiatement un peu de carbonate de soude ; vous agitez pour dissoudre, puis vous procédez à la régularisation du titre.

Pour cela vous mesurez exactement 10 centimètres cubes de la solution d'acide oxalique normale, que vous colorez par quelques gouttes de teinture de tournesol bien fraîche. Dans une éprouvette graduée en dixièmes de centimètre cube, vous mettez 10 centimètres cubes de la liqueur de soude, qui, si elle est arrivée à son vrai titre, doit exactement saturer l'acide oxalique et ramener la teinture de tournesol au violet.

Si vous n'avez pas dû employer toute votre liqueur de soude pour cette saturation, c'est une preuve que votre solution est trop concentrée ; vous ajoutez une faible quantité d'eau distillée bouillie ; vous faites un nouvel essai et vous procédez ainsi, par tâtonnements, jusqu'à ce que 10 centimètres cubes de solution d'acide oxalique normal soient exactement saturés par 10 centimètres cubes de votre liqueur de soude. Vous avez alors un réactif riche à 1/1000 d'équivalent de soude par centimètre cube, soit 0^{gram},034 par centimètre cube ; l'équivalent de la soude caustique ($Na\,O$) est 34.

Du reste, je conseille aux opérateurs industriels de tenir leur solution de soude normale de 1/100 au-dessus du titre demandé, car cette solution s'altère rapidement au contact de l'air ; elle en absorbe l'acide carbonique et forme du carbonate de soude. Quand celui-ci est décomposé par les acides du vin, il dégage de l'acide carbonique qui, restant en solution et réagissant sur le tournesol, augmente, dans une certaine proportion, la quantité de solution alcaline nécessaire pour faire passer la couleur au violet et fausse complétement le résultat.

Voici, du reste, un procédé très-bien imaginé par Graham et conseillé par Mohr pour conserver la solution de soude normale.

Vous prenez un flacon **A** (fig. 5) à large ouverture dans lequel vous mettez la soude normale. Vous faites passer au milieu du bouchon un manchon **B** en verre effilé par le haut, qui vient traverser le bouchon ; vous remplissez ce tube avec un mélange, à parties égales, de sulfate de soude anhydre et de chaux caustique ; vous fermez le haut de votre tube avec un bouchon également traversé par un petit tube qui laisse accès à l'air.

Ce mélange a pour propriété d'enlever l'acide carbonique à l'air et de maintenir la soude normale dans un parfait état de causticité. Cette précaution est indispensable lorsqu'on est obligé de conserver quelque temps sa liqueur normale.

Du reste, j'emploie, dans le même but, de petits flacons de 200 grammes que je remplis presque complètement et que je lute avec soin avec de la cire fondue.

J'ai pu ainsi conserver intactes, pendant plusieurs mois, des solutions de soude normale.

Voici donc les deux solutions prêtes pour les usages que nous allons décrire ; mais avant j'exposerai leurs propriétés, ou, pour mieux dire, les propriétés de la solution de soude normale.

Cette solution contient 1/1000 d'équivalent de soude, soit 0^{gram},031 par 1 centimètre cube, et comme, chimiquement parlant, la soude se combine avec les acides à équivalents égaux, c'est-à-dire équivalent de soude pour équivalent d'acide, pour former des sels simples, il suffit, pour connaître les proportions en poids de ces équivalents acides, de déterminer le poids équivalent de soude qui a été nécessaire pour les saturer.

Voici le tableau des principaux équivalents :

1 centimètre cube de soude normale sature exactement :

Gram.

0,03646 d'acide chlorhydrique,
0,054   d'acide azotique anhydre,
0,049   d'acide sulfurique monohydraté,
0,060   d'acide acétique monohydraté,
0,075   d'acide tartrique cristallisable,
0,063   d'acide oxalique,
0,022   d'acide carbonique,
0,069   d'acide citrique,
»   d'acide malique,
0,118   d'acide succinique.

Ces chiffres connus, rien de plus simple que de s'en servir pour le titrage des vins en acidité.

Vous mesurez exactement 100 centimètres cubes de vin; vous y ajoutez 1 à 2 centimètres cubes de teinture de tournesol qui devient immédiatement d'un rouge vif; vous posez le verre à expérience sur une feuille de papier blanc de manière à mieux suivre le changement de couleur. Puis, dans une burette anglaise divisée en dixièmes de centimètre cube, vous prenez votre soude normale qui doit exactement affleurer le zéro.

Vous versez alors la soude normale dans le vin, goutte à goutte, en agitant avec une baguette en verre; quand la teinte rouge a fait place à une belle couleur violet foncé semblable à celle du bordeaux vieux, la neutralisation est complète; vous pouvez vous en assurer, du reste, avec du papier de tournesol. Vous lisez alors sur la burette le nombre de centimètres cubes de soude normale employés, et vous n'avez plus qu'à poser la proportion suivante :

Supposons que, pour le cas présent, vous avez employé $7^{\text{cent.cubes}}$,5 de soude ; vous dites :

7,5 × 0,75 demi-équivalent de l'acide tartrique = x. x est donc égal à 0^{gram},5625 pour 100 centimètres cubes. Pour 1 litre vous dites :

7,5 × 0,075 × 10 = 5^{gram},625 d'acide, en admettant que tout l'acide du vin est de l'acide tartrique, ce qui n'est pas rigoureux comme je l'expliquerai plus loin.

Aussi, pour éviter toutes confusions et prendre une base unique, j'ai pris le parti, comme d'autres auteurs, de représenter le titre acide des vins par l'acide sulfurique monohydraté (SO^3, HO).

Le vin précédent aurait donc pour titre d'acidité : 7,5 × 0,049 × 10 = 3,675, ce qui est un titre très-faible pour un vin nouveau.

Dans le cours de cet écrit nous exprimerons donc toujours ce titre acide du vin par son équivalent en (SO^3, HO) acide sulfurique.

Ce premier titre établi ne doit nous servir que pour des opérations de pure pratique et pour comparer des vins entre eux. Pour aller plus loin il faut passer à l'analyse détaillée du vin.

Le dosage d'acidité qui précède n'est applicable qu'aux vins blancs ; pour les vins rouges ou rosés il faudra opérer de la manière suivante :

Vous prenez 100 centimètres cubes de vin dans lesquels vous ajoutez 50 centimètres cubes d'une dissolution de gélatine assez concentrée, qui généralement suffit pour décolorer le vin et permettre, après filtration, de pratiquer le dosage acide comme avec le vin blanc. Si vous n'arrivez pas à une décoloration assez forte, il faut prendre un autre mode opératoire.

Vous mesurez 100 centimètres cubes de vin et vous commencez le dosage sans y ajouter de teinture de tournesol, qui serait inutile ; seulement, après chaque addition de soude, vous trempez une baguette de verre dans votre vin, et vous tracez des lignes sur une feuille de papier de tournesol rougie ; tant que ces lignes restent rouges, c'est que votre saturation n'est pas terminée ; vous la poussez jusqu'à ce que la liqueur modifie la couleur du papier réactif et la fasse passer au bleu.

Votre opération est alors terminée, et vous faites votre conversion comme il est dit plus haut.

Ne voulant pas entrer dans la description d'une série d'expériences d'une exécution trop difficile pour des industriels, je me bornerai à donner les procédés pour déterminer et doser les acides suivants :

Acide carbonique,
Id. tartrique,
Id. acétique,
Id. succinique,
Id. malique,
Du tanin ou acide tannique.

Je passerai sous silence l'acide pectique et autres

qui n'existent que dans de très-faibles proportions et dont, du reste, le rôle n'a pas été bien défini.

Du dosage de l'acide carbonique (CO_2).

L'acide carbonique existe à l'état libre dans tous les vins; il y est resté dissous à la suite de la fermentation vineuse et peut aussi avoir été pris dans l'air ambiant. Il est donc assez intéressant d'en fixer la quantité; nous y arriverons aisément au moyen de la soude normale.

Voici comment il faudra opérer : vous prenez premièrement 100 centimètres cubes de vin que vous titrez comme il a été dit dans le chapitre précédent; vous notez la quantité exacte de soude normale employée; puis vous prenez 100 autres centimètres cubes du même vin, vous les introduisez dans un ballon en verre et les portez à l'ébullition pendant environ une demi-heure, en y ajoutant de temps en temps un peu d'eau distillée, bouillie, pour éviter que le liquide ne se concentre, ce qui amènerait des décompositions. Vous laissez refroidir; ramenez au volume par l'eau distillée bouillie ; titrez de nouveau avec la plus grande attention et inscrivez la quantité de soude employée. En faisant la soustraction du second résultat sur le premier, la différence en moins vous permet de calculer la proportion d'acide carbonique.

Prenons comme exemple le premier vin analysé. Il nous a donné :

	Cent. cubes.
1ᵉʳ essai.....................	7,5
2ᵉ essai, après ébullition........	6,2
Différence en moins.............	1,3

Ce $1^{\text{cent. cube}}$,3 de soude normale représente $0^{\text{gram.}}$,0286 d'acide carbonique libre.

La proportion de cet acide dans le vin est très-variable suivant l'âge; ainsi les vins d'un an contiennent toujours un excès d'acide carbonique; car, contenant encore du sucre, lorsque surviennent les chaleurs, il y a toujours une petite fermentation et l'acide carbonique qui se forme reste presque en entier en dissolution dans le vin. Les vins vieux sont peu chargés d'acide carbonique, excepté les vins en bouteilles dans lesquelles l'évaporation est presque nulle.

La présence de l'acide carbonique dans le vin n'influe pas sur sa qualité, aussi n'a-t-on rien fait jusqu'à ce jour pour le chasser.

Du dosage de l'acide tartrique.

Avant d'exposer les procédés de dosage de l'acide tartrique libre dans les vins, j'entrerai dans quelques détails sur cet acide.

L'acide tartrique $C^8H^4O^{10}$, 2 HO.

C^8................	600	32
H^4................	50	2.67
O^{10}................	1,000	53,33
2 H O............	225	12

1,875 équivalent 100 centièmes.

Cet acide est assez commun dans un grand nombre de fruits; mais c'est le raisin qui en renferme la plus grande quantité; il y existe à l'état de combinaison avec la potasse, la chaux et quelquefois la magnésie et le fer, selon les terrains dans lesquels a crû la vigne. Cet acide forme une série de sels assez nombreuse. Il est soluble dans l'eau, dans l'alcool.

Pour le précipiter on emploie la potasse, mais de préférence la chaux, dont on le sépare par l'acide sulfurique étendu d'eau qui forme un sulfate de chaux peu soluble; l'acide tartrique reste à l'état libre.

La présence de l'acide tartrique libre dans les vins a été mise en doute par divers auteurs, mais nous nous rangerons à l'opinion de M. Berthelot qui admet sa présence à l'état de liberté dans quelques vins.

Les procédés de dosage de cet acide libre dans le vin, que nous devons à ce savant, sont d'une exécution extrêmement délicate. Il faut une grande habitude des manipulations chimiques pour opérer cette réaction.

L'acide tartrique, ainsi que nous venons de le dire, existe dans le vin à divers états; il faut donc, pour bien opérer son dosage, se rendre parfaitement compte de son état. Mais un seul point est essentiel, et il est connu ; l'acide tartrique existe dans le vin, surtout à l'état de bitartrate de potasse $KO,HO,C^8H^4O^{10}$. Nous laisserons de côté les tartrates de chaux, de magnésie, de fer et d'alumine. C'est par la réaction du bitartrate de potasse sur les alcalis que nous arriverons à démontrer la présence de l'acide tartrique libre. Du reste, nous allons suivre ici le travail de M. Berthelot.

Voici comment il opère :

Prenez 10 centimètres cubes de vin ; additionnez-les de 75 centimètres cubes d'un mélange, à parties égales, d'éther absolu et d'alcool à 100°, si vous pouvez en avoir, ou à 95 au moins.

Agitez fortement le mélange dans un flacon parfaitement bouché. Laissez reposer vingt-quatre heures. Vous avez alors un dépôt de bitartrate de potasse et de tous les composés de l'acide tartrique avec les bases. Il ne reste plus dans le liquide que les acides libres. Décantez avec soin sur un filtre ; lavez votre flacon et votre filtre avec 15 centimètres cubes de mélange nouveau d'alcool et d'éther, et, au moyen d'une solution de soude, de baryte ou de chaux très-faible, déterminez la quantité d'acide qui existe dans le produit solide resté dans le flacon et sur le filtre.

Le premier liquide extrait est mis de côté, car on peut en extraire l'alcool et l'éther par la distillation. Prenez bien note du titre d'acidité que vous a donné

votre expériencc. Puis vous procédez à la seconde opération qui s'exécute de la manière suivante :

Prenez 10 centimètres cubes de vin; saturez-les au
moyen d'une lessive de potasse caustique, puis additionnez-les de 40 centimètres cubes de vin. Vous prenez 10 centimètres cubes de ce mélange que vous traitez par 50 centimètres cubes de la solution éthérée-
alcoolique; après repos, vous dosez la crème de tartre
obtenue et faites la différence du titre de la première
opération avec la seconde; si cette dernière vous donne
un excédant, c'est que vous avez dans votre vin de
l'acide tartrique libre que vous ajoutez au premier
titre d'acidité trouvée.

En effet, si votre vin contient réellement de l'acide
tartrique libre, quand vous ajoutez de la lessive de
potasse, il se forme immédiatement un bitartrate de
potasse, et dans votre nouveau titrage des sels précipités par le mélange d'alcool et d'éther vous devez
trouver une plus grande quantité d'acide, puisque la
somme du bitartrate de potasse est augmentée. Il
arrive quelquefois que les deux expériences donnent
un résultat identique, c'est qu'alors il n'y a pas d'acide
tartrique libre. Il faut, dans toutes les opérations qui
précèdent, ajouter $0^g,002$ de crème de tartre au produit
trouvé, car ce sel est soluble dans cette faible proportion dans le mélange de vin et d'éther alcoolique. Agissant sur de faibles doses de vin on voit facilement
combien cette opération est délicate, aussi faut-il
doser avec soin, non-seulement la liqueur alcaline
qu'on emploie, mais encore la teinture de tournesol.

Car quelques gouttes du réactif en plus ou en moins peuvent changer entièrement le résultat de l'analyse. Cette détermination est, du reste, plus un objet de curiosité que le but d'une analyse d'une grande utilité pratique. Puis, comme je l'ai déjà dit, la présence de cet acide à l'état libre est fort contestée par divers auteurs de grand mérite.

Nous avons écrit ce chapitre pour que plus tard, quand nous traiterons du tartre, on connaisse bien certaines réactions propres à ce sel et qu'on ne le confonde pas avec les acides libres.

Dosage de l'acide acétique.

L'acide acétique hydraté

$$C^4 H^3 O^3, HO$$

C_4..........	300	40
H^3..........	37.50	5
O^3.........	300	40
$H O$........	112.50	15
	750 équivalent.....	100 centièmes.

existe généralement à l'état liquide à la **température** moyenne de + 17 degrés ; un refroidissement à **+ 2**, à + 4 degrés suffit pour le faire cristalliser. Il **bout** à 120 degrés. Sa vapeur brûle avec une **flamme** bleue. Sa densité est de 1063. L'acide acétique se combine avec un grand nombre de bases, et les acé-tates qu'il forme sont solubles dans l'eau, sauf l'acétate d'argent et l'acétate de protoxyde de mercure; ils sont également solubles dans l'alcool et pas du tout dans l'éther.

Avant d'exposer les procédés de dosage divers employés pour déterminer l'acide acétique, je discuterai une question encore fort indécise, c'est la présence de l'acide acétique dans le vin.

Y a-t-il ou n'y a-t-il pas d'acide acétique dans les vins potables, bien entendu? Les uns disent non, les autres oui. L'embarras du choix était grand, et ce n'est qu'après une longue série d'expériences que j'ai pu arriver à démontrer la présence de l'acide acétique; je démontrerai, de plus, qu'il existe à l'état libre, souvent, mais non toujours.

La faible quantité de cet acide a-t-elle une influence marquée sur la qualité du vin? Je puis répondre affirmativement, car dans les vins de grands crus je ne l'ai que rarement rencontré, et ce n'est que dans des vins médiocres, ayant subi un travail de fermentation trop prolongé et dans de mauvaises conditions, que j'ai pu en reconnaître la présence; j'ajouterai, cependant, que le goût de ces vins n'en était pas trop altéré.

Divers systèmes ont été proposés pour doser l'acide acétique; je ne les passerai pas en revue. Le cadre de ce travail ne me le permettant pas, j'exposerai seulement un procédé publié par M. Lefebvre et qui a été donné dans divers ouvrages de viticulture : je le crois imparfait. Voici comment M. Lefebvre propose de procéder : il dose l'acidité totale d'un vin, en prend note; puis il évapore à siccité un poids égal du même vin, dose l'acide du résidu, et conclut que la différence des dosages représente l'acide acétique évaporé. Ce système, logique en lui-même, pèche cependant par la base, et je ne puis en admettre les conséquences qui donneraient des proportions énormes d'acide acétique dans tous les vins, qui, en réalité, n'en contiennent que fort peu.

En effet, en évaporant le vin à siccité on chasse l'acide carbonique. Son titre d'acidité se trouve transporté au compte de l'acide acétique. De plus, la température élevée à laquelle on soumet le vin expose à opérer la décomposition de certains principes du vin qui changent de nature. Il y a donc lieu de renoncer à cette méthode.

Après une longue série d'essais, je me suis arrêté à un autre mode de dosage, qui, je crois, donne des résultats se rapprochant plus de la vérité, car il permet de constater que l'acide qu'on dose est bien de l'acide acétique. Voici ce mode d'opérer et la description de mon appareil (planche II).

A, bain d'huile où plonge le ballon *a* qui sert à l'évaporation.

B, premier condensateur à courant d'eau continu.

C, flacon à double tubulure dans lequel les produits de la condensation viennent se recueillir. Ce flacon est baigné dans un bain d'eau froide.

E, tube conducteur des produits non condensés, muni d'un tube de sûreté F.

Appareils à doser et isoler l'acide acétique des vins. Système Robinet

D, verre contenant une dissolution concentrée d'eau
de chaux.

Pour la mise en marche, vous mesurez exactement
100 centimètres cubes de vin que vous introduisez
dans le ballon *a*. Vous allumez la lampe à esprit-de-
vin, et votre bain d'huile commence à chauffer. Vous
remplissez d'eau le condensateur B et le vase où re-
pose le flacon C, et mettez l'eau de chaux dans le verre
D. Vous chargez le tube de sûreté F, et la distillation
commence.

Une fois l'appareil bien en marche, vous surveillez
avec soin pour éviter les projections de liquide dans
les tubes du condensateur. Comme l'acide acétique ne
distille guère qu'à 120 degrés, et que sur un feu nu on
pourrait décomposer les acides du vin et donner lieu
à la formation d'acide paratartrique ou d'acide formique, j'ai, comme on le voit, employé le bain
d'huile dont on règle la température au moyen d'un
thermomètre plongeur.

On peut porter la température jusqu'à 125 degrés
sans inconvénients, mais pas au delà. Quand on voit
qu'il ne passe plus rien à la distillation et que le
résidu du ballon *a* est compacte, il faut arrêter l'opération ; elle est terminée. On procéde alors au titrage
des produits. Je crois devoir donner des explications sur quelques parties de l'appareil qui peuvent
en exiger.

Les produits de l'évaporation, après avoir passé
dans le premier condensateur B, viennent dans le

flacon C, où ils achèvent en partie de se déposer; mais quelques gaz échappent, et c'est pour cela que j'ai muni le flacon C d'un tube E qui entraîne les gaz et les fait barboter dans le verre D plein d'eau de chaux. Là l'acide carbonique du vin qui a échappé vient former un carbonate de chaux presque insoluble qui se précipite, et, s'il a échappé aux condensateurs de l'acide acétique, il vient à son tour former un acétate de chaux (CaO, $C^4H^3O^3$) soluble dans l'eau et l'alcool qui reste dans le liquide et que je retrouverai plus tard en décomposant le liquide et le précipité du verre, réaction qui est simple à cause des caractères des acétates.

Voici donc mon opération terminée; il ne me reste plus que le titrage des acides contenus dans mon condensateur C.

Le liquide doit naturellement renfermer de l'acide acétique et de l'acide carbonique, puisque j'ai démontré qu'il y en a toujours dans le vin. Je titre ce liquide et je procède à l'analyse de mon eau de chaux qui, elle, a dû absorber les produits qui ont échappé à la condensation : ils sont faibles, car à peine si l'eau se trouble ; aussi, quand la réaction a été faible, je n'en tiens pas compte.

J'ai donc un titre d'acides volatils; mais, comme je connais mon titre acide carbonique, je déduis du poids de soude normale employée le poids qui avait été nécessaire pour saturer l'acide carbonique, et j'ai alors le poids exact de soude qui représente l'acide cherché.

Je n'ai plus qu'à multiplier mes centimètres cubes par $0^r,060$, poids du 1/1000 d'équivalent d'acide acétique hydraté, correspondant au 1/1000 d'équivalent de soude, et j'ai le poids d'acide acétique parfaitement déterminé, sauf à y ajouter ce que j'ai pu trouver dans l'eau de chaux. Mais, comme je l'ai fait observer, généralement il y a peu de produits dans cette partie de l'appareil ; cependant j'indiquerai un procédé pour l'analyser.

Il suffit de précipiter toute la chaux à l'état de carbonate de chaux, $Ca\,O, C\,O^2$, au moyen d'un courant d'acide carbonique ; il ne restera plus dans le liquide que l'acétate de chaux qu'on peut obtenir sec par une évaporation dans une capsule tarée. On déduit du poids trouvé le poids de carbonate de chaux soluble dans l'eau ; cette proportion est la suivante : 1/3000.

Il s'est élevé des doutes sur la nature de l'acide que j'ai recueilli par distillation, et j'ai dû me livrer à une série d'expériences pour démontrer l'exactitude de ma méthode. Voici comment j'ai procédé :

J'ai réduit le liquide de mon évaporation, après saturation par la soude, à un très-petit volume, en chauffant lentement pour ne pas décomposer l'acétate de soude ; puis j'ai employé les réactifs suivants pour déterminer la présence d'un acétate dans ce liquide.

Traitez le résidu par l'azotate d'argent. Si c'est un composé d'acide acétique et d'une base quelconque, il se décompose et forme un acétate d'argent, $Ag\,O, C^4H^3O^3$, peu soluble dans l'eau froide et assez soluble dans l'eau chaude.

Le sulfate de sesquioxyde de fer et de potasse (alun de fer) donne une belle coloration rouge et un précipité d'oxyde de fer dans un liquide contenant un acétate soluble. L'azotate de protoxyde de mercure produit un précipité blanc cristallin qui se décompose dans l'eau chaude et donne lieu à la régénération du mercure métallique.

Si donc votre liquide vous a donné les résultats décrits plus haut, vous pouvez affirmer que l'acide produit de votre évaporation est bien de l'acide acétique.

On pourrait, il est vrai, objecter que l'acide formique possède aussi les propriétés de réduire les sels de fer ; mais la présence de cet acide est sinon impossible dans le vin, du moins si rare, que je n'ai jamais eu la bonne fortune de l'y rencontrer. Je l'ai obtenu, mais en additionnant mon vin à évaporer de quelques gouttes d'un acide minéral tel que l'acide sulfurique.

Je ne pousserai pas plus loin ce chapitre, déjà, peut-être, un peu long et trop scientifique, sur la recherche de l'acide acétique ; mais j'en conclurai que, en apportant un grand soin à la pratique de l'expérience que je viens de décrire, on doit, forcément, dans certains vins, démontrer la présence de l'acide acétique.

De l'acide succinique.

Formule chimique :

$$C^8 H^3 O^5, \ 3 HO.$$

C^8.............	600	40.67
H^3............	37.50	2.54
$O5$............	500	33.89
$(HO)3$........	337.50	22.90
	1,475.00 équivalent...	100.00 centièmes

L'acide succinique est incolore, transparent, sans odeur, d'une saveur nauséabonde, soluble dans l'eau, très-soluble dans l'alcool, un peu moins dans l'éther. Il fond à 180 degrés. Le chlore, l'acide sulfurique et l'acide azotique sont sans action sur lui. La présence de l'acide succinique dans un grand nombre de plantes a été démontrée par plusieurs savants : Zwenger, Chevallier, Lecanu, Serbat, Unverderben, Piria et Descaigne. Enfin, en dernier lieu, M. Pasteur en a démontré l'existence dans le vin. Nous n'exposerons pas les propriétés des succinates ; nous donnerons seulement des renseignements sur la solubilité de quelques-uns de ces sels.

Succinate de potasse : soluble dans l'eau et l'alcool, insoluble dans l'éther.

Succinate de chaux : peu soluble dans l'eau, insoluble dans l'alcool et l'éther.

Succinate de baryte : peu soluble dans l'eau, insoluble dans l'alcool.

Je donne ces renseignements pour l'intelligence de ce qui va suivre.

Une question assez délicate s'élève dans l'analyse des vins, c'est celle de savoir dans quel état l'acide succinique se trouve dans le vin. Jusqu'à ce jour, malgré toutes mes recherches, je n'ai pu l'obtenir qu'à l'état libre, et je n'ai pu isoler ni succinate de chaux ni succinate de potasse ; les succinates sont des sels peu stables, et lors de la fermentation ils sont décomposés ; l'acide succinique est mis en liberté, puis la fermentation de la glycose donne lieu à une nouvelle production d'acide, qui reste en dissolution dans le vin. M. Pasteur estime que cette production est de 2 pour 100 du poids du sucre.

Les procédés de dosage de cet acide sont très-délicats, car il faut, forcément, commencer par l'isoler, ce qui est très-difficile. Dans du glycose fermenté, c'est peu de chose, mais, dans le vin, la question change ; on se trouve en présence d'une foule de produits divers qui peuvent entraver l'opération. Cependant, en me basant sur le travail de M. Pasteur, j'ai pu, par les procédés suivants, y arriver.

J'évapore un litre de vin à l'état pâteux ; je traite ce sirop par l'éther absolu ; je filtre ; je lave mon filtre avec de nouvel éther. Je laisse évaporer le liquide à l'air libre, à l'abri de la poussière. Il se dépose alors, au fond de la capsule, des petits cristaux qui sont de l'acide succinique. Vous lavez ces cristaux et vous procédez à leur dosage par la soude normale.

Un centimètre cube de soude normale équivaut à

0ʳ,118 d'acide succinique environ. Je ne puis garantir exactement ce chiffre ; il peut y avoir une légère différence, car on n'est pas bien d'accord sur la formule de l'acide succinique, et, par contre, du succinate de soude qui se forme.

Il faut conserver avec soin le produit du titrage, car il faut s'assurer que c'est réellement de l'acide succinique. Pour cela versez dans la liqueur du chlorure de baryum, qui, en présence du succinate neutre de soude, précipite du succinate de baryte, soluble dans les acides azotique et acétique, insoluble dans l'alcool et l'ammoniaque, peu soluble dans l'eau.

On peut encore additionner le liquide de quelques gouttes d'un sel de cobalt ; s'il existe un succinate dans le liquide on obtient une coloration fleur de pêcher.

Quel est le rôle de l'acide succinique dans le vin ? Nous l'ignorons. Sa présence est déjà fort délicate à établir ; son action est presque inconnue ; je ne conseille donc ce dosage que pour se rendre compte du poids considérable de soude normale employée pour saturer un vin, quand on considère le peu d'acide tartrique libre existant réellement. Ce n'est, du reste, que par des démonstrations successives des divers acides du vin qu'on arrive à reconstituer presque entièrement le poids acide du vin. Malgré tout, on a toujours un reste inconnu ; nous y reviendrons.

De l'acide malique.

Formule chimique :

$$C^8 H^4 O^8, 2HO.$$

C8............	600	35.82
H4............	50	2.98
O8..........	800	47.76
2 H O........	225	13.44
	1675 équivalent...	100 centièmes.

La présence de cet acide dans le vin est connue depuis les travaux de M. Pasteur ; il a été découvert en 1785 par Scheele dans le suc des pommes. Il est sans odeur, d'une saveur acide agréable ; il se dissout dans l'eau et dans l'alcool ; il fond à + 83 degrés, se décompose à + 176 degrés. L'acide azotique concentré à chaud le transforme en acide oxalique.

Il forme avec les bases des malates qui se rencontrent tout formés et en abondance dans les végétaux.

Le malate et le bimalate de potasse sont solubles dans l'eau, insolubles dans l'alcool, de même que le bimalate de soude, de baryte, de chaux, etc. Ces quelques données peuvent servir pour opérer le dosage, sinon très-rigoureux, du moins fort approximatif de cet acide.

Voici le procédé de dosage et d'isolement que nous reproduisons d'après les conseils de notre illustre maître M. Berthelot.

On évapore le vin jusqu'à réduction au 1/10 ; on

ajoute au résidu un volume égal d'alcool à 90 ; on laisse reposer. L'acide tartrique se sépare ainsi que tous les tartrates et la plus grande partie des sels calcaires. On décante et on ajoute, dans la liqueur, de l'eau de chaux éteinte en léger excès. Le malate de chaux se précipite mêlé avec un excès de chaux. On le recueille et on le fait cristalliser dans l'acide azotique étendu de dix parties d'eau. On obtient ainsi un bimalate de chaux qui, par sa formule connue $CaO, HO, C^8H^4O^8, 8HO$, peut vous donner le poids exact de l'acide malique obtenu du résidu de cette évaporation. Il suffit, en effet, de savoir le poids exact d'acide malique contenu dans un gramme de bimalate de chaux ; il est de : $0^g,6044$.

Il est connu que l'acide malique en dissolution dans un liquide ne se précipite pas en présence de la chaux si le liquide ne contient pas d'alcool ; l'addition d'alcool dans le résidu d'évaporation a donc un double but : de précipiter le tartre et de favoriser la production du bimalate de chaux.

On peut, si on le désire, isoler cet acide ; mais c'est une opération délicate qui demande quelques soins pour ne pas perdre des produits qui sont déjà en si petite quantité.

Pour arriver à ce résultat, on traite la dissolution de bimalate de chaux par l'acétate de plomb ; il se forme un précipité de malate de plomb qu'on lave avec soin ; puis on le décompose par un courant d'hydrogène sulfuré, qui précipite le plomb à l'état de sulfure ; il reste, dans la liqueur, de l'acide malique en dissolution. On le fait cristalliser par une douce évaporation.

Les vins, en général, contiennent de 2 à 3 grammes d'acide malique par litre; mais le dosage en est très-difficile, et il faut opérer sur 5 à 10 litres de vin pour exécuter ce dosage.

Nous ne conseillons pas aux industriels de se livrer à ce travail, qui est sans intérêt pour eux et qui les entraînerait à avoir un laboratoire complet et, par conséquent, trop coûteux. Nous ne l'avons donné que comme renseignement pour les personnes qui veulent se livrer à des études plus profondes.

Du tannin.

Formule chimique :

$$C^{54}\ H^{22}\ O^{34}.$$

C^{54}............	4050	52.44
H^{22}............	275	3.56
O^{34}..........	3400	44
	7725 équivalent	100 en centièmes.

Le tannin est solide, blanc, sans odeur; sa saveur est astringente. Il est soluble dans l'eau et incristallisable, soluble dans l'alcool et l'éther; il précipite les sels métalliques en vert ou en brun; il se combine facilement avec les bases et forme des tannates alcalins, solubles dans l'eau. Les autres tannates sont insolubles.

La présence du tannin dans le vin est un fait qui ne présente de doutes pour personne ; non-seulement elle n'est pas un inconvénient, mais encore elle est recherchée pour certains vins , les vins blancs en particulier; aussi tout le monde sait qu'en Champagne, par exemple, avant de coller les vins on y ajoute une certaine quantité de tannin dissous dans l'alcool. On opère le collage après cette addition.

Le tannin agit énergiquement sur la gélatine et l'albumine qu'il coagule et précipite de leur dissolution.

C'est la présence du tannin qui empêche les vins de graisser, phénomène qui se présente souvent dans les vins blancs.

Pour doser le tannin nous empruntons le procédé recommandé par M. Fauré de Bordeaux, et qui nous paraît parfaitement pratique.

On prépare une dissolution de gélatine, telle que 100 grammes de cette solution précipitent exactement 1 gramme de tannin dissous dans 100 grammes d'eau distillée.

On opère sur 100 grammes de vin : on pèse exactement la solution de gélatine, puis on la verse peu à peu dans le vin en agitant continuellement avec une baguette en verre ; de temps en temps on filtre, et l'on s'assure, à l'aide d'une solution légère de tannin, qu'il n'y a pas de gélatine en excès dans le vin ; avec un peu de pratique, on arrive à verser juste la quantité de solution de gélatine nécessaire. Une fois le tannin précipité, on repèse le flacon de gélatine, et du poids employé on déduit la somme de tannin qui a été précipitée.

Ce procédé pratique permet de s'assurer si un vin est oui ou non assez riche en tannin, ce qui est d'une grande importance pour les négociants de la Champagne.

Un vin blanc, dans de bonnes conditions, doit contenir de $0^{gr},60$ à $0^{gr},70$ de tannin par litre.

Ce procédé de dosage du tannin a donné lieu à la découverte d'un procédé pour s'assurer si les vins sont colorés artificiellement; nous aurons occasion d'y revenir.

CHAPITRE V.

Du tartre ou crème de tartre

(bitartrate de potasse).

Formule :

$$KO, \; HO, \; O^8 H^4 O^{10}.$$

Le bitartrate de potasse cristallise en prismes obliques, à base rhomboïdale ; il possède une saveur acide, et rougit le tournesol ; lorsqu'on le brûle, il répand une odeur de caramel très-prononcée.

Le bitartrate de potasse est peu soluble dans l'eau ; 184 parties d'eau n'en dissolvent qu'une partie. Il est insoluble dans l'alcool et dans l'éther ; cette propriété a servi de base au procédé de séparation de ce sel.

Une solution aqueuse, saturée de bitartrate de potasse, bout à 99°,6.

Voici, d'après M. Alluard, la quantité de ce sel soluble dans 100 grammes d'eau à diverses températures.

		Gr.	
0 degrés.....	0,32	de bitartrate de potasse.
10 — ....,	0,40	—
20 —	0,57	—
30 —	0,90	—
40 —	1,31	—
50 —	1,81	—
60 —	2,40	—
70 —	3,20	—
80 —	4,50	—
90 —	5,70	—
100 —	6,90	—

D'après un autre auteur, la solubilité du bitartrate de potasse, dans 1 litre d'eau et dans 1 litre d'un mélange d'eau et d'alcool à 10,5 pour 100 de ce dernier est ce qui suit :

Température.	Eau pure.	Eau alcoolisée.
	Gr.	Gr.
0 degrés.......	2,44	1,41
5 —	3,00	1,75
10 —	3,70	2,12
15 —	4,53	2,53
20 —	5,53	3,05
25 —	6,70	3,72
30 —	8,05	4,60
35 —	9,60	5,70
40 —	11,30	7,00

Ces tableaux seront nécessaires pour le travail auquel nous allons nous livrer.

Le tartre existe dans tous les vins ; sa présence est facile à démontrer, mais son dosage a donné lieu à une foule de systèmes qui ont eu pour résultat la découverte de plusieurs nouveaux principes acides du vin.

J'exposerai donc les divers systèmes proposés, me réservant de recommander spécialement celui que je crois le plus à la portée des industriels, quoiqu'il ne soit peut-être pas d'une exactitude rigoureuse ; il me paraît suffisant, pour la pratique, d'arriver à des appréciations d'une certaine exactitude.

Un auteur fort estimé, M. Masson-Four, a employé, pour déterminer la richesse en tartre d'un vin, une dissolution de carbonate de soude à 10 p. 100 de sel. Il opère directement sur le vin, et de la quantité de carbonate de soude employée pour saturer le vin il déduit la quantité de tartre. Par ce mode de dosage, l'auteur a commis plusieurs erreurs graves. En effet, le titre d'acidité d'un vin n'en représente nullement la richesse en tartre, et on ne peut dire, en général, qu'un vin riche en acide est riche en tartre ; souvent c'est le contraire, suivant la nature du sol et surtout l'âge du vin, deux causes qui influent beaucoup sur la richesse en tartre.

M. Masson-Four n'a tenu aucun compte de la solubilité du bitartrate dans les liquides alcooliques, et ses résultats le prouvent assez.

La saturation directe du vin n'est donc pas un procédé capable de fixer sur la richesse d'un vin en tartre, mais simplement un procédé propre à en doser le titre acide. De plus, l'emploi du carbonate de soude offre de graves inconvénients dans l'application, à cause du dégagement d'acide carbonique qui rend l'opération difficile.

M. Berthelot a employé un procédé tout autre basé sur l'insolubilité du tartre dans un mélange déterminé d'alcool et d'éther. Dans ce procédé, on précipite le tartre et on le dose isolément. On arrive ainsi à une foule de résultats du plus haut intérêt ; aussi expliquerai-je plus largement la manière d'opérer de M. Berthelot ; la voici :

Prenez 10 centimètres cubes de vin ; ajoutez-y cinq fois leur volume d'un mélange à volumes égaux d'éther et d'alcool aussi absolus que possible ; le tartre, complétement insoluble ou à peu près dans ce mélange, se déposera après vingt-quatre heures de repos. Recueillez le dépôt avec soin ; lavez-le avec une nouvelle et petite quantité du mélange d'éther et d'alcool ; dissolvez ce sel dans l'eau et faites le titrage par un essai alcalimétrique, et vous avez immédiatement la richesse en tartre d'un vin.

Exemple : 10 centimètres cubes de vin, additionnés du mélange décrit, après vingt-quatre heures de repos donnent un précipité de tartre qui, repris par l'eau, a nécessité, pour se saturer, 0,15 centim. cubes de soude normale. Vous posez la proposition suivante : un litre de ce vin contient $0^{cent.\,c.},15 \times 0,018811 \times 100 = 2^{gr},82165$ de tartrate acide de potasse par

litre, 0,018811 étant le poids du dix-millième
d'équivalent de la crème de tartre (voir les tables an-
nexées au chapitre *acide des vins*), il ne faut pas oublier d'ajouter au résultat trouvé 0^{gr},200 de tartre par
litre, proportion calculée de ce qui a pu rester dissous dans les divers liquides employés.

Ce procédé, fort simple en apparence, exige une
grande habileté d'opération, et voici pourquoi : on
opère sur une quantité de vin très-minime relative-
ment à 1 litre, la centième partie seulement; une
erreur dans l'emploi de la liqueur de soude normale
est donc très-facile; aussi je ne conseille pas aux industriels l'emploi de ce procédé délicat, très-précis
dans un laboratoire et surtout dans les mains d'un
chimiste aussi habile et aussi expérimenté que
M. Berthelot. Puis une difficulté se présente aussi :
c'est celle de se procurer de l'alcool et de l'éther
bien purs et absolus.

Je continuerai cependant l'exposé de ce système
qui m'a permis de vérifier mes expériences et m'a
conduit à des résultats analytiques du plus grand
intérêt.

Ce premier dosage fait pour le tartre, M. Berthelot
le pousse plus loin; il pratique l'opération nouvelle suivante :

Prenez 10 centimètres cubes du vin à analyser,
additionnez-les de 5 centimètres cubes d'une solution
d'acide tartrique double ou triple en titre acide tartrique du vin, de manière à convertir toute la potasse

existante dans le vin en bitartrate de potasse, et additionnez ces 15 centimètres cubes de mélange de 75 centimètres cubes du mélange d'alcool et d'éther déjà décrit ; agitez, laissez reposer vingt-quatre heures; le tartre se précipite ; vous le dosez par un essai alcalimétrique, comme il a déjà été expliqué, et vous avez par le calcul le poids exact du tartre existant dans le vin et de celui formé par l'addition de l'acide tartrique. Ce poids donné vous permet d'en extraire le poids de potasse (KO) que vous cherchez.

Exemple :

10 centimètres cubes de vin, additionnés de 5 centimètres cubes d'une solution à 3 p. 100 d'acide tartrique, précipités par 75 centimètres cubes du mélange d'alcool et d'éther, ont donné un degré acide saturé pur : $0^{\text{cent. c.}},17$ de soude normale; ce qui représente $0^{\text{cent. c.}},17 \quad 0,0 \times 04711 \times 100 = 0^{\text{gr}}, 80087$ de potasse (KO) par litre. ($0^{\text{gr}},004711$ représente le 10/000 de l'équivalent de la potasse KO.)

Notre premier essai nous avait donné en équivalent de potasse $0^{\text{gr}},70665$.

Le deuxième donne $0^{\text{gr}},80087$. Il y a un excès de potasse de $0^{\text{gr}},09422$ qui existait dans le vin à un état de combinaison quelconque. Il pouvait y exister à l'état de :

Malate de potasse,
Sulfate de potasse,
Chlorure de potassium,

Et même de tartrate neutre de potasse ; ce qui est peu probable.

Ce procédé peut nous rendre les plus grands services, quand nous procéderons à la recherche des sels inorganiques contenus dans les vins.

C'est par un procédé analogue que déjà nous avons démontré qu'à la grande rigueur on peut prouver l'existence de l'acide tartrique libre dans le vin. On entrevoit toute l'importance de ce mode d'opérer.

Je me permettrai cependant de signaler une erreur qui peut être commise en exécutant ce procédé. Il n'y est tenu aucun compte des sels de chaux contenus dans le vin et qui peuvent être précipités. La présence de ces sels est incontestable, ainsi qu'on le verra plus loin dans le chapitre des sels inorganiques du vin.

On peut cependant écarter jusqu'à un certain point les sels de chaux, mais je n'ai qu'imparfaitement étudié ces réactions. Celle qui me paraît la plus logique, c'est de précipiter directement dans le vin les sels de chaux par une légère addition d'oxalate d'ammoniaque, qui, formant de l'oxalate de chaux insoluble, se sépare facilement par une filtration rigoureuse.

En présence des difficultés du mode d'opérer de M. Berthelot, je propose le procédé suivant :

Prenez 100 centimètres cubes de vin ; réduisez-les par l'évaporation à l'état sirupeux ; laissez refroidir la masse, puis reprenez-la par 50 centimètres cubes d'alcool à 95° ; tout le tartre se trouve précipité ; vous décantez avec soin le liquide, puis vous calcinez le dépôt. La calcination une fois terminée, vous reprenez le tout par l'eau distillée bouillie. Vous avez alors un liquide trouble qui contient du carbonate de potasse, du carbonate de chaux et quelques autres sels non décomposés par la calcination.

Filtrez avec soin, lavez bien le filtre, et le liquide que vous obtenez ne contient plus guère que du carbonate de potasse provenant de la décomposition du bitartrate de potasse par la chaleur. Pour déterminer le titre alcalimétrique de ce liquide, vous procédez de la manière suivante : mettez tout votre liquide dans une capsule de porcelaine ; portez-le à une température voisine de l'ébullition ; ajoutez de la teinture de tournesol et, le mélange fait, au moyen d'une burette graduée, versez l'acide oxalique normal que j'ai déjà décrit (page 50) ; le liquide prend une teinte rouge pelure d'oignon ; une fois ce point atteint, faites bouillir le liquide pour chasser l'acide carbonique libre qui provient de la décomposition du carbonate de potasse (KO, CO^2) par l'acide oxalique. Il s'est formé de l'oxalate de potasse (KO, C^2O^3, HO), et l'acide carbonique se trouve libre. En effet, après une ébullition de quelques instants, le liquide redevient violet ; ajoutez encore quelques gouttes d'acide, puis faites bouillir et ainsi de suite jusqu'à la persistance de la nuance rouge. Lisez alors sur votre burette le nombre de centimètres cubes d'acide normal employé et posez l'espèce suivante :

Supposons que le vin que nous venons d'analyser a donné un résidu qui exige, pour sa saturation, 1$^{cent. c.}$,05 d'acide normal, nous disons :

1$^{cent. c.}$,50 × 0^{gr},18811 × 10 = 2^{gr},82165 de tartrate acide de potasse par litre.

Le chiffre 0^{gr},18811 est le 1/1000 d'équivalent du bitartrate de potasse correspondant au 1/1000 d'équivalent de l'acide oxalique ; car nous savons que 1 centimètre cube d'acide oxalique normal sature exactement 1/1000 d'équivalent des sels suivants, soit :

	Gr.
Carbonate de potasse	0,06911
Potasse caustique	0,04711
Soude id	0,0310
Carbonate de chaux	0,050
Sulfate de chaux	0,068

Or, 1 centimètre cube d'acide oxalique saturant 0^{gr},06911 de carbonate de potasse, nous savons que cette quantité de 0^{gr},06911 de carbonate de potasse correspond exactement à celle de 0^{gr},188711 de bitartrate de potasse ; on peut simplifier les calculs en disant de suite 1$^{c.c.}$,50 d'acide oxalique × 0^{gr},18811 d'équivalent de bitartrate de potasse × 10 = 2^{gr},82165 de bitartrate de potasse par litre.

Ce procédé, d'une extrême simplicité, offre l'avantage de présenter peu de chances d'erreurs ; on opère sur une quantité de vin assez forte, généralement sur 200 centimètres cubes.

La perte des produits est insignifiante ; l'acide employé comme dosage est d'une préparation facile et se conserve très-bien. Mais il faut reconnaître que ce procédé donne toujours un résultat un peu plus fort que le titre vrai, parce qu'il est très-difficile d'éliminer les sels de chaux. En effet, lorsque vous traitez l'extrait sirupeux du vin par l'alcool, vous précipitez tous les sels insolubles dans ce liquide, tels que

Le tartrate de chaux,

Le sulfate   *id.*,

Le phosphate   *id.*,

Des sels d'alumine, etc.

Le produit de la calcination contient ces sels ou leurs bases ; mais, pour une analyse industrielle, cette faible erreur n'est pas sérieuse, et d'ailleurs il est facile de prendre un chiffre un peu plus faible que celui trouvé, en le diminuant de 1 centième. Par exemple, si vous avez trouvé dans le vin analysé $2^{gr},82165$ de tartre, vous pouvez le diminuer de 1 décigramme et dire $2^{gr},72165$. Cette simple correction vous met à l'abri de toutes chances d'erreurs.

J'ai proposé un autre procédé pour opérer la précipitation des sels de chaux contenus dans les produits de la calcination ; c'est de traiter leur dissolution par quelques gouttes d'une solution concentrée d'oxalate d'ammoniaque qui précipite la chaux à l'état d'oxalate insoluble ; on filtre ; puis, pour chasser l'ammoniaque, on évapore de nouveau à siccité et on n'a plus dans le résidu que du carbonate de potasse qu'on peut titrer sans opérer de réduction. Ce mode de dosage est incontestablement celui qui se rapproche le plus de la vérité, mais il exige de grandes précautions dans son exécution pour éviter les pertes qui peuvent résulter des filtratious répétées. Je conseille cependant aux opérateurs d'exécuter sur un même vin les deux procédés et de constater les différences qu'ils trouveront ; ils arriveront, par des moyennes, à une estimation très-exacte. Du reste, tous les vins ne contiennent pas de la chaux, et le chapitre suivant donnera les procédés nécessaires pour s'assurer de la quantité qu'il peut y en avoir et vérifier si la première analyse est bien exacte.

Je ne pousserai pas plus loin l'étude de la recherche du tartre, voulant laisser à la science le soin de déterminer d'une façon plus minutieuse le dosage de ce sel. Je terminerai en disant que, pour les praticiens, la méthode de la calcination est d'une exactitude suffisante.

CHAPITRE VI.

DES SELS MINÉRAUX.

Tartrate de chaux. — Sulfate de chaux. — Sulfate de potasse. — Phosphate d'alumine. — Phosphate de chaux. — Chlorure de sodium. — Chlorure de potassium. — Tartrate de fer. — Tartrate d'alumine.

Des sels minéraux du vin.

Nous voici arrivé au point de notre travail où nous allons avoir à opérer sur des quantités infiniment petites des différents sels minéraux dont la présence a pu être constatée dans le vin. Ici nous nous bornerons simplement à en opérer l'analyse qualitative, sauf pour le tartrate de chaux et autres sels de la même base qui existent en quantités pondérables dans les vins.

Nous traiterons immédiatement du dosage direct de la masse totale de la chaux contenue dans le vin, sans nous occuper de son état de combinaison.

La chaux peut exister dans le vin à l'état de tartrate, de sulfate et même de phosphate.

Quant à son existence à l'état de malate ou de succinate, nous ne sommes pas encore parvenu à l'isoler sous cette forme, nous n'en dirons donc rien ; attendons que les travaux des savants nous fixent d'une manière plus positive à ce sujet.

De la chaux.

Pour déterminer en masse la quantité de chaux contenue dans un vin, j'emploie le procédé suivant basé sur l'insolubilité de l'oxalate de chaux :

Prenez 100 centimètres cubes de vin ; filtrez-les avec soin, puis additionnez-les d'une solution d'oxalate d'ammoniaque ($Az\ H^3$, HO, C^2, O^3, HO), jusqu'à ce qu'il ne se forme plus de précipité ; filtrez sur un filtre séché à 100 degrés dans une étuve et taré ; puis séchez votre filtre de nouveau à la même température, pesez avec soin, et la différence des poids vous donnera le chiffre de l'oxalate de chaux obtenu.

Vous multipliez le poids trouvé par 2, 278 et vous avez votre proportion de tartrate de chaux, **1 gramme** d'oxalate de chaux représentant exactement **2ᵍ,278 de** tartrate de chaux.

Nous supposons ici que toute la chaux est à l'état de tartrate, ce qui fait que cette évaluation n'est pas d'une rigoureuse exactitude, et peut être modifiée ;

il me paraît suffisant de déterminer la richesse en chaux (CaO) d'un vin examiné.

Ayant le poids de l'oxalate de chaux, il est facile de calculer sa contenance en chaux, puisque nous savons que l'oxalate de chaux est composé de :

$C^2 O^3$, 2 H O. Acide oxalique et eau de cristallisation. 61.65
C a O. Chaux......... .... 38.35
——————
100.00

Il suffit donc de multiplier le poids trouvé par 38,35 et de le diviser par 100.

Connaissant le poids de la chaux, nous pourrons, lorsque nous aurons déterminé toutes les bases du vin et la somme des acides, faire une répartition de ce poids sur les différents acides avec lesquels cette base forme les combinaisons les plus probables.

En effet, à partir de ce moment, nous n'opérons plus que par déductions, ce qui n'empêche pas de doser les susdites bases avec une exactitude rigoureuse.

Des sulfates.

Les vins contiennent généralement des sulfates; leur présence est signalée sans de grandes difficultés, mais la nature de leur base est extrêmement difficile à établir. Nous pouvons avoir affaire soit à du sulfate de chaux (CaO, SO^3), soit à du sulfate de potasse

(KO, SO³) ; les autres sulfates peuvent être négligés. Il faut donc préalablement nous assurer quelle est la base en excès dans le vin pour conclure auquel des deux sels nous avons affaire.

Nous donnerons d'abord le procédé nécessaire pour en démontrer la présence.

Calcinez le résidu de l'évaporation de 100 centimètres cubes de vin ; reprenez de nouveau le résidu par l'eau, puis rendez-le légèrement acide au moyen de l'acide azotique dilué (Az O⁵ HO). Ajoutez alors dans le liquide quelques gouttes d'azote de baryte (BaO, AzO⁵) ; s'il y a un sulfate dans le liquide, il se forme immédiatement un précipité blanc de sulfate de baryte (BaO, SO³) complétement insoluble dans l'eau.

Pour opérer le dosage de ce sulfate, il suffit, après quelques heures pour laisser au réactif le temps d'agir, de filtrer le liquide sur un filtre taré ; de laver le produit et de le peser. Le poids du sulfate de baryte donne le poids d'acide sulfurique précipité.

Voici, en effet, la composition du sulfate de baryte :

Baryte Ba O...............	65.71
Acide sulfurique S O³.....	34.29
	100.00

Multipliez le poids trouvé par 34,29, et divisez par 100, et vous aurez le poids de l'acide SO₃.

Maintenant, pour savoir si vous avez eu affaire à un sulfate de potasse ou de chaux, il faut connaître laquelle des deux bases est en excès. Cependant vous pouvez généralement conclure que, sauf les vins des pays calcaires comme la Champagne, vous avez toujours un excès de sulfate de potasse et peu de sulfate de chaux.

Pour convertir l'acide sulfurique en sulfate de potasse et sulfate de chaux, on opère les calculs suivants :

Le sulfate de potasse étant composé de :

$$
\begin{array}{lr}
K O \dots\dots\dots\dots\dots & 54.08 \\
S O_3 \dots\dots\dots\dots\dots & 45.92 \\
\hline
& 100.00
\end{array}
$$

1 gramme d'acide sulfurique (SO^3) représente 2ᵍ,177 de sulfate de potasse ; donc vous multipliez simplement votre poids acide (SO^3) par 2,177.

Le sulfate de chaux étant composé de :

$$
\begin{array}{lr}
Ca\ O \dots\dots\dots\dots\dots & 41.17 \\
S O^3 \dots\dots\dots\dots\dots & 58.83 \\
\hline
& 100.00
\end{array}
$$

1 gramme d'acide SO^3 représentera 1ᵍ,714 de sulfate de chaux. Pour arriver à la conversion de votre acide en sulfate de chaux, vous multipliez le poids acide connu par 1,714.

Vous avez ainsi deux valeurs de sulfate que vous aurez à répartir par proportions rationnelles, selon le résultat de votre analyse ; ainsi, si votre vin ne contient pas de chaux, vous pouvez convertir votre poids d'acide en entier en sulfate de potasse; si, au contraire, vous avez de la chaux et pas de potasse en excès, vous convertirez tout en sulfate de chaux. Ce travail est laissé à l'habileté de l'opérateur.

Phosphate d'alumine.

La présence du phosphate d'alumine dans les vins a été démontrée par divers savants et, entre autres, par **M.** Fauré, auquel j'emprunte le procédé de détermination suivant.

Vous prenez le résidu de la calcination de 100 grammes de vin ; vous le dissolvez par un léger excès d'acide azotique, puis vous le saturez par un excès d'ammoniaque ; il se forme alors un précipité floconneux translucide, lent à se déposer. Vous le jetez sur un filtre et le lavez convenablement ; il conserve toujours un aspect gélatineux.

Il se dissout facilement dans les acides faibles et les carbonates alcalins; il forme, avec l'azotate d'argent, un précipité jaune serin, qui se dissout dans un léger excès d'acide azotique, et se reforme si on sature l'acide par l'ammoniaque ; enfin, chauffé au rouge très-vif, il se ramollit et se vitrifie.

Tous ces caractères laissent toute probabilité qu'on a affaire à du phosphate d'alumine.

En effet, l'ammoniaque précipite, en général, les

phosphates, et l'azotate d'argent les colore en jaune
serin.

Ce précipité est soluble dans l'acide azotique faible.

On peut encore se servir du molybdate d'ammo-
niaque, $Az\,H^3\,Mo^3,\,\overset{\cdot}{H}O$, pour déterminer la présence
des phosphates; ce réactif colore en jaune verdâtre
les solutions de phosphates acidulées par l'acide azotique.

Il se forme un précipité jaune si on porte le liquide
à l'ébullition.

On peut également s'assurer si on a affaire à un
sel d'alumine (Al^2O^3) en chauffant le précipité au rouge
avec de l'azotate de cobalt $(CoO,\,AzO^5)$; il se colore
alors en bleu.

Le dosage de ce sel est sans importance; du reste,
vu sa minime quantité, nous ne le conseillons pas à
nos lecteurs, d'autant plus qu'un grand nombre de
vins n'en contiennent pas.

Phosphate de chaux.

Dans le chapitre précédent, nous avons étudié le
mode de détermination du phosphate d'alumine;
mais il peut très-bien se faire que le vin contienne
du phosphate de chaux. Pour vous en assurer, vous
prenez une partie de votre solution; vous la chauffez
et y ajoutez du chlorure de baryum qui précipite tous
les phosphates. Ce précipité est soluble dans les acides
azotique et chlorhydrique. Vous pouvez alors, une

fois votre précipité redissous par l'acide azotique faible, vous assurer si c'est un phosphate de chaux, en le traitant par l'oxalate d'ammoniaque, qui, dans ce cas, précipite de l'oxalate de chaux. Pour la nature du sel, nous avons dit plus haut les caractères auxquels on reconnaît un phosphate.

Chlorures.

On peut rencontrer dans les vins divers chlorures qui proviennent du sol dans lequel croît la vigne; leur détermination ne manque pas d'un certain intérêt, car elle peut jusqu'à un certain point fixer l'opérateur sur la provenance de ces vins. En effet, il y a des régions où l'on ne rencontre jamais de chlorures dans le vin, et d'autres, le bordelais, par exemple, où l'on en trouve presque toujours et même en quantités appréciables. En Champagne ces sels sont rares ; j'en ai cependant rencontré quelquefois.

Pour en déterminer la présence, vous prenez le résidu de la calcination de 100 centimètres cubes de vin; vous précipitez les sels de chaux par l'azotate de baryte ; puis, après filtration, vous versez, dans le liquide clair, de l'azotate d'argent; il se forme alors un précipité blanc caillebotté de chlorure d'argent. Ce précipité peut être recueilli sur un filtre pesé, et de la quantité de chlorure d'argent obtenue on peut conclure à la quantité de chlorure de sodium.

Mais la détermination de ce poids est sans grande importance. Le seul point sur lequel il soit utile de se fixer, c'est de savoir si le précipité provient d'un chlorure de sodium ou d'un chlorure de potassium.

Pour distinguer le chlorure de sodium ($NaCl$) du chlorure de potassium (KCl), voici comment on procède : une fois qu'on a éliminé les sels de chaux et les sulfates de la dissolution des produits de la calcination, on dessèche de nouveau le produit ; on le porte au rouge naissant et on le reprend par une petite quantité d'eau. Additionnez alors d'une dissolution de bichlorure de platine qui, s'il y a de la potasse, donne un précipité cristallin ; on peut aussi réduire le liquide à 1/5 de son volume et l'additionner de deux fois son volume d'alcool à 85. Le chlorure double de platine et de potassium est précipité entièrement, et il ne reste plus dans le liquide que du chlorure de sodium. Chassez l'alcool par l'évaporation et reprenez le **résidu** par l'eau et traitez-le par l'antimoniate de potasse (KO, SbO^5). S'il y a de la soude, vous avez un précipité blanc cristallin qui exige environ 300 parties d'eau pour se dissoudre.

Cette réaction des sels de soude sur l'antimoniate de potasse est très-sensible ; on peut même traiter directement le liquide dont on a isolé la chaux par l'oxalate d'ammoniaque, par l'antimoniate de potasse, et, s'il y a précipité, on peut conclure à la présence de la soude.

On peut, en outre, prendre une faible partie de la

7

cendre ; la calciner fortement au chalumeau ; s'il y a un sel de soude, cette cendre se colore en jaune.

Il est bon de dire, en terminant, que la présence du chlorure de potassium est rare dans les vins ; c'est généralement du chlorure de sodium qu'on y rencontre.

Ces divers essais doivent se faire avec soin ; ils exigent une assez grande habitude des analyses chimiques.

Du tartrate de fer et d'alumine.

Lorsque j'ai traité par l'eau tous mes produits de calcination, j'ai toujours eu dans les filtres un résidu charbonneux. Je l'ai recueilli avec soin et calciné de nouveau dans un creuset de platine de manière à détruire tout le charbon ; après refroidissement, j'ai soumis ce résidu à l'action de l'acide chlorhydrique étendu qui, à l'aide de la chaleur, a tout dissous, sauf un petit résidu que je considère comme de la silice, mais en faible proportion.

J'ai alors de nouveau évaporé ma solution à l'état pâteux ; je l'ai reprise par l'eau bouillante qui a tout dissous. Traité par une petite quantité d'ammoniaque, j'ai obtenu un précipité gélatineux d'alumine, quelquefois taché ou nuancé. J'ai traité ce résidu par la potasse, il s'est dissous en partie ; j'avais affaire à de l'alumine ; mais le léger résidu qui restait m'était inconnu ; traité par l'acide chlorhydrique pur, étendu d'eau et essayé par le sulfocyanure de potassium, ce produit m'a donné une coloration rouge de sang, réaction caractéristique des sels de fer au maximum. J'avais donc trouvé, dans ma solution, de l'alumine et du fer. Ces deux éléments étaient, je crois pouvoir le dire, dans le vin, à l'état de :

Tartrate d'alumine

Et de tartrate de fer.

La démonstration du fer dans le vin est un point important, car un grand nombre de vins, et ceux de Bordeaux entre autres, ne doivent, disent quelques savants, leurs propriétés réparatrices qu'à la présence de ce sel de fer. Cet essai est, du reste, fort aisé; car, quand on veut se borner à déterminer le fer, il suffit de traiter les cendres fortement calcinées d'un vin par l'acide chlorhydrique, et essayer par le sulfocyanure de potassium, qui donne une coloration rouge de sang, si le sel de fer est au maximum, ou par le ferrocyanure de potassium ($C^2AzFe, 2C^2AzK, 3HO$), qui donne une coloration bleue.

Je recommande cet essai aux industriels.

CHAPITRE VII.

DES ÉLÉMENTS COMPLEXES.

De la glycérine. — De l'œnanthine. — Du mucilage. — De l'aldéhyde.
— De la matière colorante. — Des matières azotées. — De la
gliadine. — De la pectine.

Corps neutres du vin.

Nous allons décrire, sous la désignation de corps
neutres du vin, une série de produits qu'on peut
extraire du vin, soit par évaporation, soit directement,
mais qui ne sont pas bien classés dans la nomenclature chimique, sauf quelques-uns. Leur constata-
tion exige de nouvelles études, et même, pour
quelques-uns, leur présence est contestée, ce qui ne
nous surprend pas, vu la grande difficulté qu'on
éprouve à les isoler.

Nous nous bornerons, du reste, à donner la description et les procédés de détermination de ces corps

sous la responsabilité des auteurs qui les ont fait connaître. Pour plusieurs nous les avons reconnus et déterminés, et nous donnerons nos procédés, car notre but, avant tout, est d'être utile à nos confrères les négociants en vins.

Glycérine.

La glycérine ($C^6H^8O^6$) est une substance liquide, incolore, d'une densité de 2,28, d'une saveur sucrée. Soluble dans l'eau et l'alcool en toutes proportions, elle est peu soluble dans l'éther.

Le caractère le plus saillant qui permet de la reconnaître est sa réaction sur le chlorure d'or. On en verse une faible quantité dans du chlorure d'or ; il se produit immédiatement un précipité rouge pourpre foncé. La glycérine se combine avec un grand nombre de sels, mais ces composés ne résistent pas à la chaleur.

M. Pasteur a été le premier à constater la présence de la glycérine dans le vin en faisant ses recherches sur l'acide succinique. Il nous a donné des procédés fort simples pour l'isoler, et nous avons pu reprendre avec succès ces travaux d'un haut intérêt, car ils expliquent une lacune que laissait l'analyse détaillée du vin et le poids de résidu qu'il donnait. Il y avait toujours un écart assez fort, qui provenait de l'ignorance où l'on était de la présence de ce corps qui s'oppose également au desséchement des résidus.

En effet, lorsque vous évaporez un litre de vin, vous obtenez un résidu pâteux qu'il vous est presque impossible de dessécher sans déterminer immédiatement un commencement de décomposition.

La présence de la glycérine dans le vin est une des conséquences de la fermentation alcoolique, ainsi que l'a prouvé M. Pasteur dans le travail qu'il a publié sur ce sujet, travail que nous n'analyserons pas ; il est trop scientifique pour entrer dans cet ouvrage essentiellement élémentaire.

Nous accepterons donc, purement et simplement, le travail de M. Pasteur, et nous passerons au procédé d'isolement de la glycérine.

Évaporez 500 centimètres cubes de vin que vous avez préalablement saturé par la chaux et filtré ; et traitez le résidu pâteux par un mélange de :

Alcool à 90 degrés...............	100 c. c.
Éther pur.....................	150 c. c.

Vous avez un précipité abondant que vous séparez par décantation, puis vous évaporez à une douce chaleur votre liquide ; il vous reste un corps huileux qui ne se dessèche pas à l'air libre et qui, traité par le chlorure d'or, donne un précipité pourpre foncé, caractère distinctif de la glycérine.

Ce liquide est acide ; cela provient de quelques acides libres qui ont été entraînés par le mélange d'alcool et d'éther. On peut les séparer en reprenant le résidu du premier traitement par le mélange alcoolique, le saturant exactement par la chaux et traitant de nouveau par le mélange alcoolique; on obtient alors la glycérine pure, sauf quelques matières colorantes, quand on opère sur des vins rouges.

On peut négliger ces matières et peser le produit qui donne le poids de la glycérine.

M. Pasteur donne les poids de glycérine suivants trouvés par lui dans divers vins :

	Gr.	
Bordeaux fin.........	7.412	par litre.
Bordeaux ordinaire...	6.970	—
Bourgogne fin........	7.340	—
Bourgogne ordinaire..	4.340	—
Arbois vieux.........	6.750	—

Ces poids sont, comme on le voit, assez élevés, et j'ai pu en vérifier l'exactitude dans mes nombreuses analyses de vins de la Champagne.

Un fait assez curieux ressort de cette analyse : c'est que les grands vins donnent toujours un poids assez fort de glycérine ; les vins de basses qualités, au contraire, en sont pauvres. On se demande alors s'il n'y aurait pas là un classement à établir ; nous n'osons l'avancer, mais nous nous livrons, en ce moment, à des études sérieuses sur ce sujet d'un intérêt majeur.

Œnanthine.

M. Fauré, de Bordeaux, qui a publié un travail des plus complets sur les vins de ce pays, a désigné, sous le nom d'*œnanthine*, une substance glutineuse, filante, élastique, soluble dans l'eau et dans l'alcool faible, qu'il a rencontrée dans les vins des grands crus et qui, d'après lui, provient de la fermentation. Il a étudié avec soin les propriétés de cette substance, et ses expériences lui ont donné la preuve que ce n'était ni de la pectine ni du mucilage. Il attribue à cette substance la qualité onctueuse des grands vins.

Par ses analyses il a prouvé qu'elle n'existe pas ou presque pas dans les vins ordinaires, mais en grande abondance dans les vins fins.

Pour obtenir cette substance, il procède de la manière suivante :

Après avoir précipité d'une quantité donnée de vin le tannin et la matière colorante à l'aide de la gélatine, il filtre et fait évaporer à une douce chaleur. Il traite le résidu pâteux par l'alcool à 85, qui crispe et coagule l'albumine, le mucilage, la pectine qui ont échappé à la gélatine ; il sépare ainsi l'œnanthine sous une forme glutineuse, entraînant avec elle un peu de bitartrate de potasse sans adhérer aux principes précipités par l'alcool, dont on la débarrasse en la malaxant quelques instants dans ce même liquide. On la purifie par un lait de chaux, puis on évapore et on a une masse gélatineuse qui est l'œnanthine qu'on peut peser.

Cette expérience très-remarquable pourrait avoir des conséquences fort importantes si le fait était acquis à la science, mais il n'en est malheureusement pas ainsi, et l'existence de l'œnanthine a eu ses contradicteurs comme bien d'autres produits nouveaux.

Nous avons repris les travaux de **M. Fauré**, et les résultats que nous avons obtenus ne nous permettent pas de nous prononcer d'une façon positive. Nous avons bien, en effet, obtenu un produit analogue à celui décrit par M. Fauré ; mais il ne nous a pas paru suffisamment déterminé pour être accepté comme un principe du vin.

Poursuivant d'un autre côté le travail de **M. Mulder**, nous avons poussé les expériences plus loin, et ce produit nous a donné une série de réactions conformes à l'opinion de ce chimiste ; savoir que ce produit a une partie des propriétés de la dextrine et est très-analogue au mucilage décrit par Vauquelin.

La question de l'œnanthine reste donc indécise, et nous nous bornons à constater ce fait, qu'avec un peu de soin on peut isoler du résidu de l'évaporation d'un litre de vin une matière glutineuse qui brûle en se cornant, qui, au microscope, accuse un état amorphe, mais dont la composition nous est entièrement inconnue. Nous conseillons donc aux opérateurs de ne pas se prononcer et de bien étudier le travail de Vauquelin avant de classer le produit de M. Fauré.

Mucilage.

(Opinion de Vauquelin.)

Tous les vins contiennent ou semblent contenir une substance molle, plastique, filante, transparente, grisâtre qui diminue de volume en séchant. Cette matière semble avoir une grande analogie avec la dextrine ; séchée, elle brûle avec une odeur légèrement ammoniacale, et dégage des acides ; cette matière semble avoir une grande analogie avec l'œnanthine de M. Fauré ; elle a été étudiée par M. Phipson qui la considère comme provenant de la fermentation visqueuse du sucre de raisin.

Le travail de Vauquelin sur cette matière indéterminée est d'un grand intérêt, et a jeté pendant longtemps une vive lumière sur la question des vins ; mais jusqu'à ce jour aucun chimiste n'a pu tirer un profit quelconque de cette série d'observations. Cette matière inerte, sans caractère, ne contient cependant pas d'azote comme l'a avancé Vauquelin ; le gaz qu'il a reconnu provient du ferment et d'une matière grasse qui existe dans le vin.

Cette erreur de Vauquelin, qui dit avoir obtenu des vapeurs ammoniacales dans la calcination de cette matière inerte, provient de ce qu'il ignorait la composition des ferments du vin ; erreur bien excusable du reste, et que des travaux tout récents ont seuls fait reconnaître.

L'étude de ce mucilage est incomplète, et nous ne la donnons ici que comme renseignement.

Matières grasses.

Un grand nombre de chimistes admettent la présence, dans le vin, d'une huile grasse qui provient de la fermentation du sucre de raisin, en présence des pepins de ce fruit. Cette matière, qui n'est pas bien déterminée, semble cependant, pour les praticiens les plus expérimentés, être de l'huile des pepins de raisins. M. Batilliat, qui a observé cette substance avec un grand soin, est du moins de cet avis. Nos expériences n'ayant pas porté sur ce sujet, nous nous bornerons à l'admettre comme telle. La seule observation que nous ayons faite avec un certain succès, c'est en examinant, au microscope, du vin évaporé à l'état pâteux ; nous avons reconnu, dans le résidu, des gouttes d'un liquide huileux qui, en présence de la potasse, s'est combiné rapidement avec cet alcali, et a donné tous les caractères d'une saponification semblable à celle des huiles végétales.

Nous ne mentionnons ces matières indéterminées que pour servir de guide, au besoin, aux observateurs.

Bouquet du vin.

Nous allons traiter une question assez délicate, mais pleine d'intérêt ; c'est la question du bouquet du vin. Nous nous bornerons cependant à donner les travaux des autres, nos expériences n'ayant pas encore porté sur ce point si minutieux et si sujet à controverse.

M. Deleschamps, pharmacien de Paris, est le premier qui isola ce principe sans en étudier les propriétés ni la composition ; il demanda à MM. Liebig et Pelouze leur opinion sur ce corps singulier et inconnu. Ces deux savants opérateurs, après de longues expériences, reconnurent que ce liquide était un éther composé et le nommèrent *éther œnanthique*. Ils en étudièrent les propriétés que voici : sa densité est de $0^{gr},872$; il bout à $225°$. Il est soluble dans l'eau, l'éther et l'alcool. Sa formule chimique est C^{22}, H^{22}, O^4. En effet, dans cette formule nous trouvons les deux éléments qui composent l'éther et l'acide œnanthique :

Éther C^4, H^5, O ;

Acide œnanthique C^{18}, H^{17}, O^3.

De plus, en traitant ce composé par la potasse caustique, on parvient à séparer aisément ces deux principes immédiats ; on obtient un œnanthate de potasse et de l'éther qui se sépare par la distillation à basse température. MM. Liebig et Pelouze ne doutent nullement de la présence de cet éther œnanthique dans le vin ; le mode de formation seul est encore obscur pour eux.

L'éther œnanthique n'existe pas dans le jus de raisin ; on doit donc le considérer comme un produit de la fermentation ; ce qui semble le prouver, c'est que les vins vieux ont beaucoup plus d'odeur que les vins nouveaux. La production de cet éther continue donc pendant le travail qui se poursuit d'année en année.

M. Balard a reconnu l'éther œnanthique dans l'huile qui infecte les eaux-de-vie de marc.

M. Winckler prétend avoir isolé le bouquet des vins ; mais M. Wurtz a fortement combattu cette prétention et l'a complétement écartée. Un grand nombre de savants, en un mot, ont tous eu cette prétention d'isoler et de doser cet arome si volatil nommé *bouquet du vin*; mais aucun, jusqu'à ce jour, n'a pu soutenir une discussion sérieuse.

M. Fauré de Bordeaux, lui, prétend avoir obtenu par une distillation spéciale un esprit recteur qu'il qualifia de bouquet du vin. Nous pensons qu'il aura confondu cet esprit recteur avec l'éther œnanthique, quoiqu'il combatte énergiquement cette idée ; mais, pour nous, les réactions qu'il indique sont entièrement conformes au travail de MM. Liebig et Pelouze.

Nous ne pousserons pas plus loin cette étude qui est encore dans l'enfance, et nous conseillerons à nos lecteurs de lire les travaux de M. Pasteur sur ce sujet, tout en les prévenant d'avance qu'ils sont d'une portée scientifique telle que peu d'industriels sont à même de le suivre ; ces dissertations d'une si grande valeur, nous n'en doutons pas, viendront un jour éclairer la question du bouquet des vins.

De l'aldéhyde.

L'aldéhyde (C^4, H^4, O^2) a été découvert par Dœbereiner et étudié par Liebig. Le nom *aldéhyde* signifie alcool déshydrogéné. En effet, la formule de l'alcool est $C^4 H^6 O^2$, l'aldéhyde $C^4 H^4 O^2$. Il y a donc deux équivalents d'hydrogène de moins dans ce corps.

L'aldéhyde est liquide, incolore, très-limpide, d'une odeur éthérée très-forte; bout à 21°; sa densité est égale à 0,790; il est soluble dans l'eau, l'alcool et l'éther. Il réduit plusieurs sels métalliques, il décompose l'azotate d'argent en argent métallique qui se dépose sur les parois du vase; c'est le principal caractère distinctif de ce corps.

L'aldéhyde, en absorbant un équivalent d'oxygène, se transforme en acide acéteux ($C^4 H^4$, O^3).

Les réactions de l'aldéhyde sont très-nombreuses, et nous ne les décrirons pas; nous renverrons nos lecteurs au travail publié sur ce sujet par MM. Pelouze et Frémy dans leur *Traité de chimie générale analytique*, 3e édition, tome V, page 340. Nous nous bornerons à constater que la présence de l'aldéhyde dans le vin ne fait de doute pour personne maintenant, et que sa présence a une influence très-positive sur le goût ou bouquet du vin. Ce qui nous porte à penser une fois de plus que les produits de distillation recueillis par M. Fauré dans ses analyses du bouquet du vin pourraient bien être composés en partie d'aldéhyde, surtout en examinant les réactions qu'il attribue aux principes qu'il a isolés.

Pour obtenir l'aldéhyde qui existe en très-faible quantité dans les vins, il faut opérer sur de grandes masses de liquides, de 15 à 20 litres de vin qu'on distille, en ayant soin de recueillir les produits de la dissolution dans un ballon maintenu dans un mélange réfrigérant donnant 4 à 5° au-dessus de 0. Les premières parties de l'alcool qui viennent se condenser avant l'ébullition du liquide renferment tout l'aldéhyde du vin, qu'on reconnaît à sa réaction sur les sels d'argent.

La détermination de ce corps est de peu d'intérêt, car il n'existe qu'en quantité infinitésimale dans les vins ; et, si nous avons décrit ces substances, c'est pour guider nos lecteurs plus que pour les engager dans cette voie d'analyses longues et délicates qui exigent de grandes connaissances chimiques et un laboratoire beaucoup plus complet que n'en ont d'ordinaire les amateurs chimistes.

Matières azotées.

La recherche d'une matière azotée quelconque dans le vin a donné lieu à une foule d'analyses, qui toutes roulent dans le même cercle et sont arrivées à ce même principe, c'est que l'azote qu'on rencontre dans le vin provient des animalcules du ferment contenu dans les vins. Nous n'exposerons pas ce travail, car ce serait entrer dans les théories de la fermentation, ce que nous voulons éviter, cet ouvrage étant destiné à l'analyse pratique du vin tout fait et non à l'étude des moûts et de la transformation de ce premier produit en vin. Nous admettons simplement comme évidente la présence de l'azote dans le vin.

Glaïadine.

La glaïadine est une matière visqueuse provenant de la fermentation du sucre et qui rend les vins gras. Cette matière renferme de l'azote et a une grande analogie avec l'albumine ; elle est facilement précipitée du vin par le tannin qui se combine avec elle et forme un précipité insoluble.

Nous signalons simplement cette matière.

La Pectine.

La pectine est le principe gélatineux des végétaux :

C^{64}.........	4800	40,67
H^{48}.........	600	5,08
O^{64}.........	6400	54,25
11800 équivalent.....		100 centièmes.

Elle se rencontre dans la pulpe du raisin, ainsi que dans celle de tous les fruits dont la maturité est avancée, ou dont le jus a déjà subi un commencement de fermentation. L'alcool précipite la pectine de ses dissolutions à l'état gélatineux.

Ce corps se change rapidement au contact des acides en acide pectique (C^{32}, H^{20}, O^{28} 2 (HO)), qui, en présence des bases terreuses, forme des pectates solubles dans l'eau.

Nous mentionnons plutôt ce corps par curiosité que comme intéressant, car peu de personnes sont parvenues à l'isoler du vin, et encore ces résultats sont fortement contestés.

Matière colorante.

Sans vouloir nous livrer à une trop longue étude sur un point encore indécis de la nature de la matière colorante des vins, nous ne pouvons passer sous silence ce sujet ; aussi donnerons-nous les opinions des divers auteurs qui se sont livrés à cette étude, sans nous permettre aucune appréciation ; car nos travaux ont toujours porté sur les vins blancs de la Champagne, dans lesquels la matière colorante n'existe qu'en proportions extrêmement faibles.

Nous commencerons par l'étude des travaux de M. Fauré, qui a fait un grand nombre d'expériences sur la matière colorante du vin.

Ce principe est une couleur bleue qui rougit par les acides, ce qui lui fait prendre une nuance violacée. Elle provient de la pellicule du raisin qui contient, en outre, une matière jaune.

Cette matière bleue du vin est soluble dans l'eau, peu soluble dans l'alcool et insoluble dans l'éther. M. Fauré la précipite du vin au moyen d'une solution de gélatine, en additionnant le vin d'un léger excès de tannin.

Pour le dosage des deux principes que cet auteur reconnaît dans le vin, il se sert d'eau chlorée à un titre déterminé au moyen d'une solution d'indigo dans l'acide sulfurique étendu.

Les nombreuses expériences de M. Fauré ne sont cependant pas concluantes, car il n'a pas complété son travail ; elles ne peuvent servir que comme point de comparaison.

D'autres auteurs ont employé, pour isoler le principe colorant, la litharge en poudre fine qu'on sépare ensuite du mélange par un courant d'hydrogène sulfuré. On obtient ainsi une teinture d'un beau bleu violacé.

M. Batilliat, après de nombreux essais, a isolé deux principes distincts de cette matière colorante : la pourprite et la rosite.

Les alcalis font passer la pourprite au vert, l'ammoniaque la détruit ; mais l'acide sulfurique n'a aucune action sur elle.

La rosite est soluble dans l'eau et l'alcool, insoluble dans l'éther.

L'acide sulfurique (SO^3, HO) la colore en brun ; mais en ajoutant de l'eau la couleur reparaît de suite.

La gélatine et l'albumine n'ont aucune action sur

cette matière et ne la précipitent pas de ses dissolutions.

M. Batilliat admet la présence, dans la pourprite, de carbone, d'hydrogène, d'oxygène, d'azote, de chaux, de fer et de potasse. Il n'a pas analysé la rosite.

M. Mulder procède d'une manière spéciale pour isoler la matière colorante du vin qu'il considère comme unique. Il sature le vin par l'acétate neutre de plomb ; puis il sépare le plomb par l'hydrogène sulfuré ; il lui reste un liquide rouge mêlé d'acide tartrique, qu'il précipite par l'alcool absolu, ou divers autres procédés ; il lui reste alors une matière d'un beau bleu, qu'il considère, comme je l'ai déjà dit, comme unique. Il admet que cette matière est insoluble dans l'eau, l'alcool, l'éther, le chloroforme, le sulfure de carbone ; mais, si à l'alcool on ajoute une faible quantité d'acide tartrique, la matière se dissout, et reste bleue en présence d'une faible quantité d'acide acétique. Si on augmente la proportion de cet acide, elle passe au rouge.

M. Maumené a fait de nombreux essais sur cette matière et l'a nommée œnocyanine ; il la considère comme une matière indifférente, se combinant avec les acides dans les dissolutions alcooliques, et précipitant cependant l'oxyde de plomb de l'acétate de ce métal. Il se forme alors un œnocyanate de plomb bleu.

Les alcalis détruisent cette matière ; mais les acides la font renaître.

Le chlore la fait disparaître.

Ses réactions, du reste, sont assez en rapport avec celles indiquées par M. Mulder.

Ce qui ressort, du reste, de plus positif de tous ces travaux, c'est un grand désaccord d'opinion entre les divers savants qui ont traité cette question.

Nous ne nous permettrons aucune appréciation à ce sujet; nos travaux n'ayant pas porté sur lui, nous nous bornerons à donner une très-curieuse observation de M. Fauré sur la manière de distinguer les vins colorés artificiellement des vins naturels. Ce savant a observé que les vins naturels, quand on les additionne de tannin et qu'on les traite ensuite par la gélatine, se décolorent entièrement; tandis que les vins colorés par des bois de teinture, des baies de fruits, etc., ne changent pas de couleur par ce traitement; il y a là une précieuse observation propre à faire reconnaître certaines fraudes.

CHAPITRE VIII.

FALSIFICATIONS DES VINS.

Procédés pour les reconnaître.

Le cadre de cet ouvrage ne devait pas d'abord comprendre l'exposé des procédés employés pour reconnaître les falsifications des vins; car c'était surtout aux négociants de la Champagne que je m'adressais; cependant, par suite des observations qui m'ont été adressées, je me suis décidé à consacrer un chapitre à ce sujet.

Je procéderai comme je l'ai fait jusqu'ici, par chapitres, en indiquant le procédé de falsification et le moyen de le combattre à armes égales; car, si le fraudeur est adroit, la science a su trouver le moyen de rétablir la vérité des faits et de mettre la fraude au grand jour.

Peu de produits ont donné plus de prise à la falsification que le vin. Le prix élevé de ce produit, son énorme consommation et l'ignorance des consommateurs ont été un appât auquel certains industriels n'ont pu résister ; aussi en ont-ils étrangement abusé malgré la sévérité de la loi qui les frappe et l'intelligence et la sûreté des poursuites dirigées contre les fraudeurs.

Pour ce qui va suivre nous avons dû puiser largement dans les travaux de MM. Chevallier, Ladrey, Payen, Lassaigne et autres chimistes. Nous déclarons que nous leur avons emprunté la plus grande partie des procédés que nous donnons.

Du vinage.

Le vinage des vins est une nature de fraude qu'il est presque impossible de démontrer, à moins que cette fraude ait été exécutée avec des alcools d'une qualité tellement inférieure que le goût seul en accuse la présence.

L'action d'ajouter à un vin une quantité quelconque d'alcool est une fraude en ce sens que par cette addition on trompe le négociant sur la nature réelle du produit qu'on lui vend. Mais on remarquera que cette addition ne peut se faire que sur des vins de très-basse qualité et dans le but de masquer une forte addition d'eau et de matières tinctoriales ou du tartre et des sels minéraux. Il faut donc démontrer, outre les corps étrangers ajoutés au vin, la présence de cet alcool; ce qui est, je ne crains pas de le dire, presque impossible.

Une foule de procédés ont été proposés; mais aucun n'a pu, jusqu'à présent, donner des résultats satisfaisants. Le dosage comparatif du titre alcoolique de vins du même cru peut seul guider dans le cas où l'on n'aurait fait aucune addition d'eau; mais ce n'est pas le cas ordinaire; le fraudeur a toujours la précaution de ramener son vin à un titre normal, ce qui rend le procédé insuffisant.

Les procédés chimiques ne nous permettent pas de reconnaître si l'alcool obtenu par la distillation d'un vin lui est propre, ou provient d'une addition; car la formule chimique de l'alcool $C^4 H^6 O^2$ est la même pour tous les alcools de vin, de betterave, de grain et de pommes de terre.

Supposons un vin du Midi très-riche en couleur, auquel on aura ajouté de l'alcool de manière à pouvoir y introduire ensuite un quart d'eau, sans trop altérer la nuance. Vous distillez ce vin; il vous donne de l'alcool et rien autre; car les seuls alcools que l'on a pu employer sont des alcools de marcs ou de betterave, qui sont chimiquement les mêmes et qui ne produisent aucune réaction particulière.

Vous vous trouvez ensuite en présence d'un résidu d'évaporation qui ne vous éclaire pas davantage; le fraudeur aura eu soin de ne livrer ce vin que lorsque le mélange sera devenu bien intime par suite d'une forte agitation du liquide et du laps de temps voulu.

On sait, du reste, que l'alcool qu'on ajoute au vin s'assimile bien vite à l'alcool qui y existait naturellement et ne laisse d'autres traces que le goût particulier qu'il pouvait avoir, s'il provenait soit de mauvais vin, de betteraves, de pommes de terre, de grains ou de mélasse. Mais le fraudeur sait cela et emploie toujours des alcools presque entièrement dépourvus de goût.

Nous conclurons de ce qui précède que la preuve du vinage ne peut pas se déduire scientifiquement d'une distillation, et que c'est par l'étude des autres produits ajoutés ou manquants qu'on peut acquérir une preuve presque certaine de la fraude.

On a bien proposé quelques systèmes; mais nous ne pouvons les considérer comme pratiques.

La plus ou moins grande proportion de certains éléments constitutifs du vin pourrait nous servir de guide pour reconnaître si un vin est additionné d'eau, puis viné pour le ramener à un titre alcool normal. Ces recherches ont été faites; mais nous allons exposer une méthode qui peut, nous le pensons, donner de meilleurs résultats. S'ils ne sont pas admis par la justice, ce que nous ignorons, ils peuvent du moins guider un expert dans ses recherches.

Il est connu qu'un vin quelconque, dans un état normal, contient une proportion déterminée de tartre.

Le dosage de ce sel peut donc déjà être un indice ; mais le fraudeur a toujours soin de remplacer ce qui manque au vin falsifié, et dans l'intérêt même du vin ; car, si celui-ci est trop pauvre en tartre, il reste trouble, et sa couleur n'est jamais vive et brillante comme celle d'un vin naturel en bon état. Le dosage du tartre ne suffit donc pas pour nous guider. Nous reviendrons, du reste, sur l'addition de ce sel dans les vins.

C'est dans d'autres matières que j'ai cherché les bases de ma méthode.

Il est démontré, par toutes les expériences des chimistes, que la fermentation du sucre donne naissance à deux produits fort difficiles à déterminer, mais qui cependant n'échappent pas à une analyse rigoureuse. Ce sont l'acide succinique et la glycérine. Or un vin qui titre 11 pour 100 d'alcool a contenu à l'état de moût une quantité connue de sucre qui par la fermentation a formé cet alcool, mais en même temps a produit une quantité d'acide succinique et de glycérine qu'on peut évaluer.

Si donc un vin ne contient pas les proportions normales de ces deux produits, il peut être considéré comme additionné d'eau et ensuite d'alcool.

En conséquence, nous basant sur les travaux de M. Pasteur, nous poserons les règles que voici :

Un vin qui titre 11,15 pour 100 d'alcool a dû, lorsqu'il était à l'état de moût, peser au densimètre

1087, et au gleuco-œnomètre 11°,50, et contenir 157 grammes de sucre par litre.

La fermentation a donné lieu à la formation de 11,15 pour 100 d'alcool; mais en même temps il s'est formé :

Acide succinique. . (C^8 H^6 O^8) 1^{gr},0095.
Glycérine. . . . . . (C^6 H^8 O^6) 5^{gr},0460.

Nous devons donc trouver dans ce vin, à très-peu de chose près, les proportions de ces deux corps.

Pour cela nous procéderons à leur recherche en opérant comme il est dit dans les deux chapitres qui traitent de la glycérine et de l'acide succinique.

L'acide succinique est dosé par sa conversion en succinate de chaux et la glycérine par son extraction directe.

Ces deux dosages, du reste, nous ne craignons pas de le dire, offrent de grandes difficultés et nécessitent des instruments et des produits d'une grande pureté, ce qui rend cette opération praticable seulement dans les laboratoires les mieux montés.

On voit donc que, si la démonstration du vinage sans addition d'eau est impossible, au moins, lorsque le vin est baptisé trop largement, on peut le prouver avec assez de sûreté.

De la coloration artificielle des vins.

La coloration artificielle des vins est une fraude qui se pratique journellement, mais dont la preuve est assez simple.

Le seul point délicat est de déterminer exactement la nature du produit employé.

Les principaux agents dont se servent les fraudeurs sont le bois d'Inde, le bois de Fernambouc, les pétales de coquelicot, les baies d'hièble, de sureau, de troëne et la teinture de tournesol.

Toutes ces teintures sont assez inoffensives par elles-mêmes, mais ce qui rend leur emploi fâcheux, c'est l'addition d'alun (sulfate d'alumine et de potasse), auquel on est obligé d'avoir recours pour empêcher le dépôt des couleurs.

M. Fauré de Bordeaux, dans les travaux duquel nous avons déjà puisé, a donné un moyen prompt et certain de déterminer si un vin a été additionné d'une quantité quelconque des teintures précédentes, laissant à l'expérimentateur le soin d'en reconnaître la nature; voici comment il opère : une certaine quantité de vin est additionnée de quelques gouttes d'une solution concentrée de tannin; on agite fortement; puis on verse dans le tout une solution de gélatine. Que se passe-t-il? Le tannin a une affinité extrême pour la matière colorante du vin et se combine immédiatement avec elle; lorsque l'on ajoute, dans le vin, de la gélatine, on précipite le tannin et par conséquent, en même temps, la matière colorante.

Ce phénomène ne se produit que dans les vins colorés naturellement.

Si, au contraire, le vin a été additionné d'une quantité même très-minime de matières colorantes étrangères, il reste rouge. Le vin naturel devient jaune paille.

Cette simple expérience fixe donc immédiatement sur la plus ou moins grande pureté du vin soumis à l'essai.

Il nous faut maintenant déterminer la nature de la teinture, et, je ne crains pas de le dire, c'est là que l'auteur s'embarrasse; car les procédés donnés sont un peu vagues; cependant, avec de l'habitude et des expériences comparatives, on peut démontrer la nature de ces teintures.

Nous empruntons à M. Jacob, pharmacien à Tonnerre, une partie de son procédé et sa table des nuances.

Il opère en additionnant le vin d'une certaine quantité de sous-acétate de plomb, qui donne, avec le vin naturel, un précipité gris bleuâtre.

Vin naturel et bois d'Inde, précipité bleu peu foncé.

Vin naturel et bois de Fernambouc, précipité rouge vineux.

Vin naturel et pétales de coquelicot, précipité gris sale.

Vin naturel et suc récent d'hièble, précipité bleuâtre dû à la matière colorante naturelle du vin; liquide surnageant d'une belle couleur violette.

Vin naturel et suc fermenté d'hièble, précipité d'un beau vert diapré.

Vin naturel et baies de sureau, précipité vert sale peu prononcé.

Vin naturel et baies de troëne, précipité vert sale peu prononcé.

Vin naturel et tournesol, précipité gris bleuâtre.

L'observation de la nuance des précipités est très-délicate, mais avec de l'habitude on arrive à une démonstration suffisante, d'autant plus qu'on peut faire la contre-expérience, d'après le même auteur, de la manière suivante, c'est-à-dire en employant un autre réactif et comparant les résultats des deux analyses.

Voici comment on opère :

Dans 2 grammes de vin à essayer, on verse 2 grammes d'une solution formée de 10 grammes de sulfate d'alumine et 100 grammes d'eau distillée; puis on ajoute à ce mélange 12 à 16 gouttes d'une solution alcaline composée de 8 grammes de carbonate d'ammoniaque et 100 grammes d'eau distillée; on obtient alors les réactions suivantes :

Vin naturel, précipité grisâtre peu coloré.

Vin naturel et bois d'Inde, précipité d'un beau violet foncé.

Vin naturel et bois de Fernambouc, précipité d'un rose carmin plus ou moins foncé.

Vin naturel et pétales de coquelicot, précipité gris ardoise.

Vin naturel et baies d'hièble, précipité violet clair.

Vin naturel et baies de sureau, précipité bleuâtre.
Vin naturel et baies de troëne, précipité vert clair.
Vin naturel et tournesol, précipité rose carminé.
On obtient ainsi une nouvelle série de colorations. On peut donc, en étudiant les deux résultats, être fixé sur la nature de la matière colorante ajoutée au vin. On peut, du reste, en peu de temps, faire une échelle de nuances très-propre à guider l'opérateur.

Plusieurs autres chimistes ont proposé des méthodes que nous n'indiquons pas ; le cadre de ce travail ne le permet pas.

Nous citerons seulement les travaux de **M. Filhol**, de Toulouse ; de **M. Nees**, d'Esenbeck, qu'on peut consulter si l'on désire étudier à fond la question de la coloration artificielle des vins.

Des sels organiques et inorganiques introduits dans les vins.

Nous allons maintenant étudier les procédés qu'il convient d'employer pour démontrer la présence de toute une série de produits qu'on peut introduire dans les vins dans un but frauduleux.

M. Lassaigne donne le procédé suivant pour démontrer l'addition de cet acide.

Prenez 10 centimètres cubes du vin soupçonné ; additionnez-les de 20 centimètres cubes d'une solution de chlorure de potassium saturée à + 15°, et agitez le mélange pendant 8 à 10 minutes avec une baguette de verre, en frottant les parois du vase. Il se produit alors un précipité blanc cristallin de bitartrate de potasse, qu'on sépare par décantation. On redissout ce précipité à chaud dans le moins d'eau possible, et on le reprécipite par l'eau de chaux. Le tartrate de chaux qui se forme peut être redissous dans une solution aqueuse de chlorhydrate d'ammoniaque. Or le tartrate calcaire est le seul sel qui, dans ces circonstances, puisse être redissous dans le chlorhydrate d'ammoniaque.

En agissant par le même procédé sur un vin contenant naturellement de l'acide tartrique libre, la réaction ne se produit qu'au bout de plusieurs heures, ce qui sert de contrôle à ce procédé. On peut ainsi déterminer un six-centième d'acide tartrique ajouté au vin.

Le tannin. Puisque tous les vins en contiennent naturellement. on peut en démontrer l'excès par le procédé indiqué à l'article *tannin*. Du reste, cette addition ne peut être pratiquée que dans des limites très-restreintes, sous peine de décomposer le vin ; nous n'insisterons donc pas.

L'acide sulfurique.

Nous empruntons encore à M. Lassaigne le procédé

propre à démontrer la présence de cet acide. Voici comment il opère :

Il dessèche à une douce chaleur deux fragments de papier (papier lissé ordinaire) tachés, l'un de vin pur, l'autre de vin suspect. Le premier papier n'est point altéré ; le second roussit avant qu'un morceau du même papier blanc se colore ; il devient cassant et friable sous les doigts.

Le premier vin laisse par l'évaporation spontanée une tache d'un bleu violacé, tandis que le second donne une tache d'un rose hortensia, alors même qu'il n'y aurait que 2 à 3 millièmes d'acide sulfurique ajouté.

L'alun.

L'addition de ce corps est presque générale dans les vins falsifiés, parce que cet ingrédient rehausse la couleur d'une manière sensible ; sa présence est, du reste, facile à démontrer. On sature le vin suspect par l'acétate de plomb ; on filtre ; le liquide clair est soumis à un courant de gaz acide sulfhydrique pour précipiter l'excès de plomb ; on filtre de nouveau et l'on ajoute de l'ammoniaque. Si le vin contient de l'alun, il se forme un précipité floconneux d'alumine. On sait, en effet, que l'ammoniaque précipite ce corps de ses dissolutions.

Il ne faut pas oublier cependant que beaucoup de vins contiennent de l'alumine, mais en très-faibles proportions et à l'état de tartrate d'alumine. Si donc on a un précipité abondant, c'est qu'il y a eu addition frauduleuse d'alun.

Le sulfate de fer se découvre en saturant le vin par le chlorure de baryum; filtrant et traitant le liquide clair, soit par le sulfocyanure de potassium, soit par de l'hydroferrocyanure de potassium, dont les réactions en rouge et en bleu sont caractéristiques.

Quand on a affaire à un vin aigri, qui a été saturé par un sel calcaire quelconque, la présence de ce sel se démontre de la manière suivante : on évapore le vin à une douce température, et l'on traite le résidu par 4 ou 5 fois son volume d'alcool à 75 degrés. Si le vin était aigri, il contenait de l'acide acétique qui, en présence des sels alcalins ajoutés, a formé des acétates. Comme tous les acétates alcalins sont solubles dans l'alcool à 75, le résidu traité par cet alcool dissoudra les acétates.

On fractionne l'alcool et on l'évapore doucement dans des verres de montre un peu creux, puis on procède à la recherche des principes calcaires.

On reprend le produit évaporé par quelques gouttes d'eau, et l'on ajoute de l'oxalate d'ammoniaque en excès; s'il se forme un précipité blanc, c'est l'indice que le vin contenait un sel de chaux.

Il faut être prudent dans cette détermination, parce qu'un grand nombre de vins, ceux de la Champagne surtout, contiennent naturellement des sels de chaux. On devra donc opérer par comparaison sur des vins du même cru.

La potasse.

L'alcool évaporé spontanément laisse un résidu qui cristallise en lamelles blanches d'acétate de potasse;

ce résidu traité par l'eau précipite en blanc par l'acide tartrique et en jaune serin par le bichlorure de platine.

Il faut également ne pas se prononcer trop vite, car la présence de la potasse est générale dans tous les vins.

Il faudra donc démontrer la présence d'une quantité assez considérable de cet alcali, pour déclarer qu'il y a eu addition.

La soude.

Le résidu sec obtenu dans le verre est repris par l'eau distillée et traité par une dissolution concentrée d'antimoniate de potasse, qui est le seul agent qui précipite la soude de ses combinaisons.

Quant aux autres sels employés pour falsifier les vins, nous n'en parlerons pas.

Leur emploi doit toujours provenir des tentatives de coloration des vins, et nous avons vu comment on procède pour démontrer cette fraude.

Le vin peut contenir accidentellement des sels vénéneux qui proviennent des ustensiles dans lesquels il a séjourné ; nous nous contenterons de les indiquer, parce que la description de leur recherche nous entraînerait hors du cadre de ce travail. Les vins peuvent contenir accidentellement :

Des sels de plomb,
— d'étain,
— de zinc,
— de cuivre.

Tous ces sels sont vénéneux; aussi faut-il veiller à ce que les ustensiles qui servent à la manutention soient toujours d'une grande propreté.

Nous terminons là notre travail, espérant que nos efforts ne seront pas inutiles à ceux de nos confrères qui voudront tenter la voie de l'expérimentation sur les vins.

FIN.

TABLE DES MATIÈRES.

CHAPITRE VI.

CHAPITRE VII.

CHAPITRE VIII.

PARIS. — IMPRIMERIE DE MADAME VEUVE BOUCHARD-HUZARD, RUE DE L'ÉPERON, 5.